普通高等教育
艺术类“十二五”规划教材

产品设计

品质生活

Product Design

任成元 编著

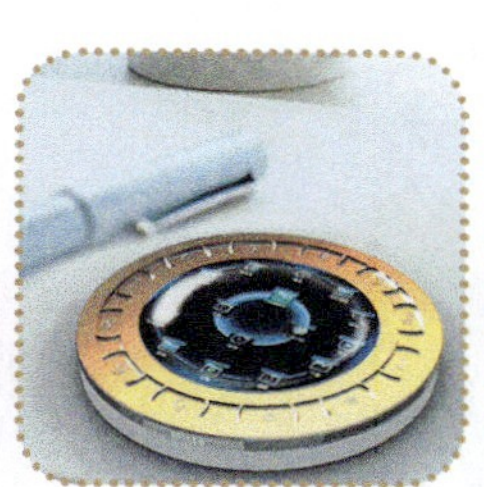

人民邮电出版社
北京

图书在版编目（CIP）数据

产品设计：品质生活 / 任成元编著. -- 北京：人民邮电出版社，2016.5（2022.12重印）
普通高等教育艺术类“十二五”规划教材
ISBN 978-7-115-41864-7

Ⅰ. ①产… Ⅱ. ①任… Ⅲ. ①产品设计－高等学校－教材 Ⅳ. ①TB472

中国版本图书馆CIP数据核字(2016)第040102号

◆ 编　著　任成元
责任编辑　刘　博
责任印制　沈　蓉　彭志环
◆ 人民邮电出版社出版发行　北京市丰台区成寿寺路 11 号
邮编　100164　电子邮件　315@ptpress.com.cn
网址　http://www.ptpress.com.cn
北京九州迅驰传媒文化有限公司印刷
◆ 开本：787×1092　1/16
印张：10.25　2016 年 5 月第 1 版
字数：216 千字　2022 年 12 月北京第 6 次印刷

定价：49.80 元

读者服务热线：(010)81055256　印装质量热线：(010)81055316
反盗版热线：(010)81055315

序

产品设计是以生活用品、装饰用品、生产用品等为主要设计对象，综合运用文化、商学、技术、社会等知识，创造满足人类物质需求和心理欲望的富于想象力的产品的一种创新性开发活动。产品设计以用户为中心，以市场为导向，目的是在产品的整个生命周期中建立多方面的品质。

产品设计专业突出以人为本，培养以下能力：能在综合把握产品的功能、材料、结构、外观、加工工艺和市场需求的基础上对产品进行合理的改进性和开发性设计；具有较强的设计创造力，拥有广阔的知识面，有好奇心和积极的生活态度；具有卓越的设计表现力，拥有优秀的造型能力和娴熟的设计表现技能；具有较强的设计实现力，拥有良好的文化艺术修养和对社会、用户和市场敏锐的感知和分析能力；具有较强的产品策划能力，拥有项目推动能力及团队精神和沟通技巧；具有较强的学习技能和环境适应力，拥有产品造型、用户研究、创意策划、市场调查等方面的综合设计能力。

本书从教学角度入手，讲解产品设计的概念、意义以及发展趋势，讲解具体怎么设计，怎么创新，如何把握产品造型的形式美、人的情感因素以及设计表达规律等，其中，结合各种产品的形态特征、材料特征、工艺特征、设计风格等系统地解析产品的设计过程、表现方法，并通过实践案例、草图、计算机绘图等图文并茂地进行针对性讲解，目的是使读者会学会用，由此及彼，可举一反三并可进行自我创作。

本书整体讲解通俗易懂，章节主要分为以下几个部分：走进产品设计；产品设计的类别与表现；产品形态表达；产品设计的方式方法；产品设计流程。内容由表及里，从宽到深。

本书的特点：

1. 内容丰富，作品案例结合理论，图文并茂，强调理论与实践相结合。

2. 对产品设计概论进行解读，并从情感角度、实用角度、文化角度等解读产品设计。

3. 对产品设计进行分类表述，分别介绍了餐饮产品、日用产品、家具、交通工具、家用电器、旅游纪念品等的设计特点及创作方法，并举例说明。

4. 总结产品形态设计的规律，造型的原理、寓意，以及产品设计的应用。

5. 总结文化元素置入、绿色可持续性设计、交互设计等多元化产品设计手法。

6. 讲解产品创新设计的方式方法，从以人为本的设计理念和情景体验出发，引导学生主动发现新问题，提出新想法、新结论，创造新事物，促使学生在学习过程中想得多、想得新、想得巧，从而培养学生的创新精神和创新能力。

7. 解读产品设计流程——草图、效果图、产品制图、模型、展板展示等，讲解多种表现技法、制作方法，使学生活学活用。

8. 语言表达也是设计表达必不可少的部分。学生应学会运用专业术语，按国际、国内的高标准阐述设计说明。同时，通过版式设计，将产品的整体系统创意效果表达出来。

感谢帮助完成这本书的每一位朋友。由于作者水平有限，书中存在纰漏和不足之处，恳请读者批评指正。

任成元
2016年2月

目　录

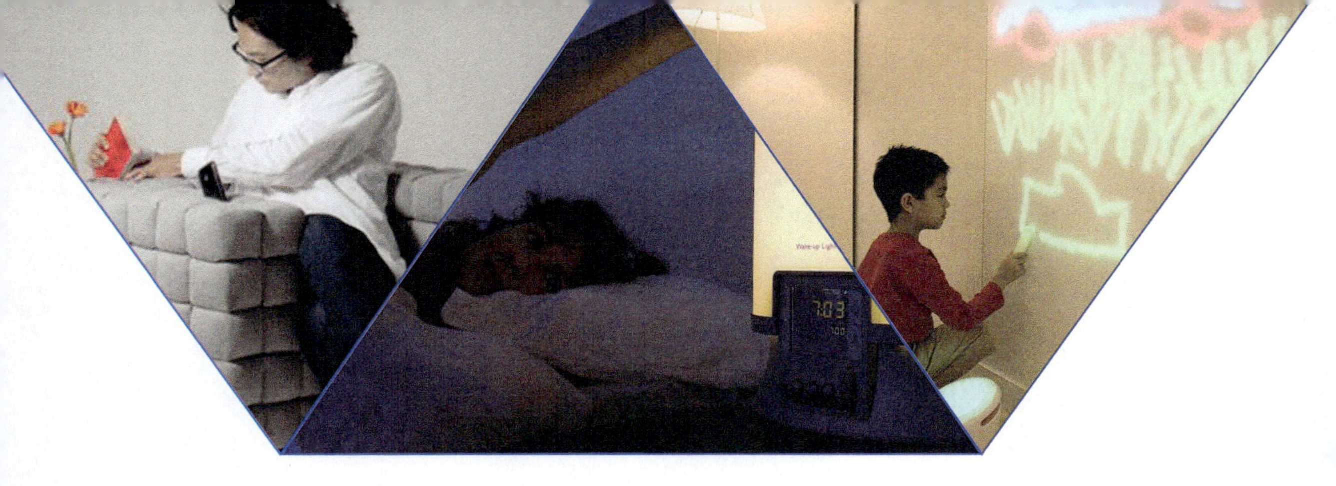

第一章　走进产品设计

第一节　产品设计概述
第二节　产品设计的要素与特征
第三节　产品设计与生活哲学
设计实践

第一节 产品设计概述

生活是指为生存发展而进行的各种活动，也是人类这种生命体的所有的日常活动和经历的总和。它包括日常活动、工作、休闲、社交等职业生活、个人生活、家庭生活和社会生活。产品设计是一种生活方式，是使得生活更美好的工具，是信息的传递。好的产品设计可以改善生活的质量，提高生活的品质。产品设计与生活是互相联系、相辅相成的。

产品设计是一个创造性的综合信息处理过程，它通过线条、符号、数字、色彩等把产品展现在人们面前。它将人的某种目的或需要转换为一个具体的物理形式或工具，把一种计划、规划设想、解决问题的方法，通过具体的载体以美好的形式表达出来。

产品设计是以产品为主要对象，综合运用科技成果和工学、美学、心理学、经济学等知识，对产品的功能、结构、形态及包装等进行整合优化的创新活动。它的目的就是利用先进的现代科学技术，在成本合理的条件下，生产出有一定使用功能、与环境相协调、与人及社会和谐的产品，通过设计改变生活，满足人们的生活需求，提高人们的生活品质。当前，产品设计已经成为联系技术与应用、企业与消费者、现实与未来的重要桥梁，是促进经济增长的工具，同时成为企业发展的新动力。产品设计在整个企业设计活动中占据主导地位。

产品设计不仅要赋予有形的产品以品质，还贯穿于产品开发、市场开拓的全过程，甚至包括创立产品品牌，赋予其特定的文化价值。很多国外企业都把产品设计视为摆脱同质化竞争、实施差异化品牌竞争策略的重要手段。产品设计在企业和市场中显示出越来越重要的作用。

现代产品设计是商品经济的产物，它有刺激消费、增强市场竞争力的作用。好的设计在今天尤为重要，我们可以引进国外的先进技术，但是如果没有自己的设计特色，只是一味模仿，那么生产出来的产品在国际上是没有竞争力的。未来，使一件产品脱颖而出的关键在于产品与用户的使用目的和个性相适应，以及产品所具有的视觉传达质量、产品的销售环境和产品厂家的形象。开发设计新产品一方面是投资于新产品，另一方面也是投资于企业在日新月异的科技信息时代的生存能力。不断出现的新技术、新材料和新需求，需要产品设计赋予其适当的形态而推向市场。产品设计一方面要将生产和技术转化为销售对路的商品推向市场，另一方面又要把市场信息反馈到企业，促进生产的发展，使企业通过设计、优化产品结构、材料，合理安排生产过程，降低产品的成本。

产品设计的根本是为了人而设计，具体说是为了人的生活而设计。通过积极、健康的设计，让人们享受生活，解决生活中出现的问题，提高工作质量和效率，提升生活的价值等。例如，下面是三星公司和飞利浦公司的产品设计，其产品让科技、艺术、服务、质量走近我们每个人。

三星水态概念手机 AQUA 提出了环保水电池概念，如图 1–1–1 所示。

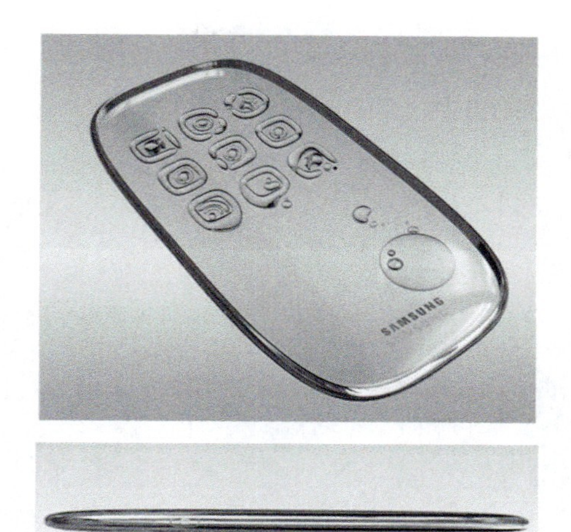

图 1-1-1　三星水态概念手机 AQUA

三星视频播放产品——P2，如图 1–1–2 所示。P2 整体上给人以高贵的视觉冲击，配以 16 ：9 的 3 英寸超大宽屏和 9.9mm 超薄机身，无不闪耀着非凡气度。P2率先采用业界领先的Emoture触控界面，3 英寸的超大宽屏就是 P2 的操控中心，“一拖二”蓝牙技术为喜欢音乐的朋友带来无线音乐分享的乐趣。

图 1-1-2　三星视频播放产品——P2

三星推出的两款极具创意的概念打印机 rail 和 circular，分别如图 1–1–3 和图 1–1–4 所示。“好的设计是将我们与竞争对手区分开的最重要方法”，三星电子首席执行官尹钟龙这样表达对产品设计的理解。三星的打印机推崇“以人为中心”，不唯技术功能指标，而是充分考虑到使用者的感受，不断创新技术和设计，以此推动整个打印机行业的发展。

图 1-1-3　三星 rail

图 1-1-4　三星 circular

三星推出了世界上最轻薄的 3D 眼镜。其外观相当时尚，前后都有部件可以支持，前面大的部分可以给成人戴，后部分小的可以给小孩戴；支持无线充电，同时还可以自动侦测 3D 画面，并可自动切换。这款 3D 眼镜会带给我们不一样的 3D 视觉感受，也许它会给整个 3D 行业带来一个不小的冲击。希望以后的 3D 产品都能够成为我们生活的焦点，用科技的力量改变我们的生活。三星 3D 眼镜如图 1–1–5 所示。

图 1-1-5　三星 3D 眼镜

三星 Galaxy One 平板电脑的尺寸为 305mm × 195mm × 14mm，机身采用拉丝铝设计，并配备有两个拉丝铝支架，内置投影仪，运行 Win8 系统，如图 1-1-6 所示。

图 1-1-6　三星 Galaxy One 平板电脑

飞利浦公司的产品 Wake Up 已经在法国销售，它其实是一个灯光闹钟，可根据时间设定慢慢地变亮，让人舒舒服服地醒来，而不是突然被惊醒，如图 1-1-7 所示。

图 1-1-7　飞利浦的产品 Wake Up

飞利浦公司的产品 Drag Draw，其实是一支发光笔，它可以让你在任何表面涂画，当按下按钮就如同橡皮一样可以擦除涂画的内容时，并且可以通过计算机程序让画画变成动画，如图 1-1-8 所示。

图 1-1-8　飞利浦的产品 Drag Draw

飞利浦公司的产品 Storyteller，可以让小孩把故事书里的图像投影到墙上，如图 1-1-9 所示。

图 1-1-9　飞利浦的产品 Storyteller

飞利浦的产品让生活如此精彩，同时其设计的每一个细节都独具匠心，让人们热爱生活、品味生活，享受产品服务生活的乐趣，如图 1-1-10 所示的飞利浦榨汁机。

图 1-1-10　飞利浦生产的榨汁机

未来的厨房会是什么样子？飞利浦公司给出了自己的解释。飞利浦公司在莫斯科展示了一款概念厨房。该产品从表面上看只是一张桌子，但是人们却可以在桌面上的任何地方进行烹饪。它的原理类似于电磁炉，当内置的感应器探测到锅所在的位置时会将热量直接传导到锅上，从而对食物进行加热。另外，水温也可以通过触摸来调节，而水槽底部的垃圾处理器也是必不可少的，通过它可以直接将搅拌后的食物残渣制成植物的肥料，如图 1–1–11 所示。

图 1-1-11　飞利浦概念厨房

下面是由巴西设计师 Dinard da Mata 带来的设计作品。它是设计师为飞利浦设计的一款名为 Fluid 的概念手机，如图 1–1–12 所示。

图 1-1-12　飞利浦的 Fluid 概念手机

第二节　产品设计的要素与特征

设计是人与产品之间的交互，是感情的流露。产品通过人的触觉、听觉、视觉等感官体验来实现与人的沟通，对人的生活、工作起到积极的协助作用。产品演绎着人机工程学、美学、市场学等科学符号。

1. 产品外观

产品设计是提高企业的市场竞争力和企业寻找市场机遇的有效手段。当今同类工业产品的技术、工艺、材质、价格、服务等相关因素相差无几，面对产品供大于求的市场现状，极具竞争价值并起着决定作用的核心因素就是产品的外观造型设计及其使用功能的合理，它们是唯一能够代表产品的品牌形象并始终与消费者零距离交流沟通的载体。产品的造型和功能在主导消费潮流的同时，也对未来的消费理念做出了科学、理性的预见和判断。产品的功能设置在很大程度上依赖于科学技术的进步，没有强大、雄厚的科学技术作基础，无论多么美好的设想和语言都将付诸东流，这直接决定着现代人的消费水平和生活质量的提高。但单就某一阶段而言，在新的科学技术还没有产生，或者还没有直接应用于产品生产而转化为第一生产力的时候，这时产品的功能大同小异，即出现产品功能均质化的现象。此时唯一能够激起消费者购买欲望并促使其在最短时间内做出消费判断的因素就是品牌的造型设计。这表明，产品的造型设计在某种程度上直接决定着消费，引导着消费时尚。产品的造型设计对消费具有导向性和标识性的双重功能，外观设计具有巨大的市场竞争力。部分产品的外观设计如图 1-2-1 和图 1-2-2 所示。

图 1-2-1　部分产品的外观设计

图 1-2-1　部分产品的外观设计（续）

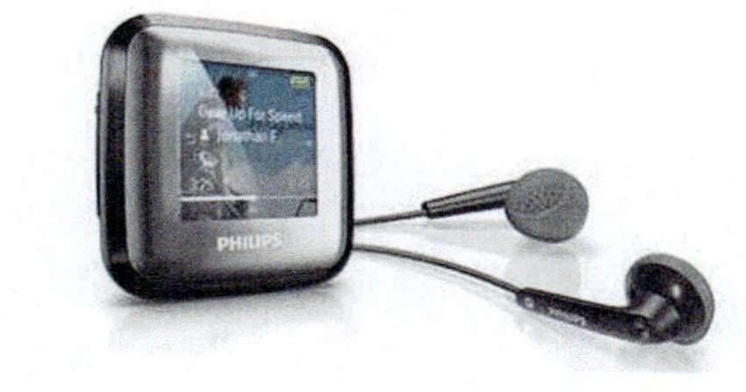

图 1-2-2　部分产品的外观设计

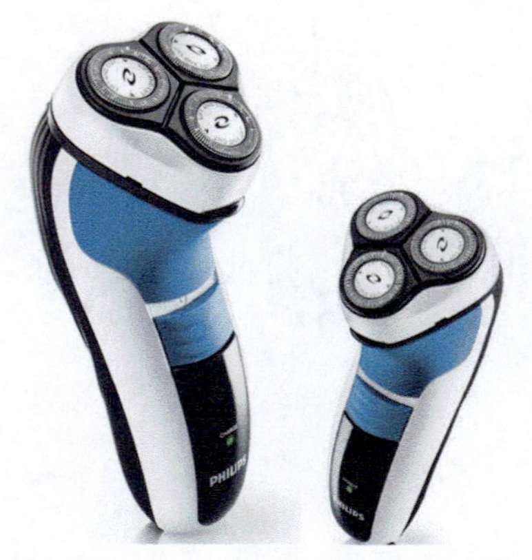

图 1-2-2　部分产品的外观设计（续）

2. 产品的人机工程

通过设计尽可能提高产品的宜人性，使产品更适应人们的操作要求，这是产品设计的一条基本原则。产品的这种要求，首先体现在产品与人的关系上，特别是工具类的产品，在一定程度上可以说是人体器官的延伸。其设计实质是对消费者使用行为的设计，创造一种新的使用功能语义。其次，设计的本质属性是在人—产品—环境系统中提供人的一切活动的最优化、最合理的新产品，其中包括提供最优化的产品操作行为、操作过程，提供按人体生理的结构特征、机能特征及人体参数进行设计的产品形态，使人们在使用中感到舒适、安全、方便，成为人们在情感上愿意接受的、亲和的、无害的产品。我们追求的人机要符合人体数据，符合人的生理、心理需要，符合社会审美、公众需求，符合人们的社会心理期望，这才是人机工程学在产品设计应用中的最终目标。

人机关系是产品设计中的核心，产品内部的所有功能部件都必须外延到表面，形成直观的可以辨别的结构，如电动工具的握取、开启，电源开关、可调部件的结构排列和适当指示，从直观外形上表达出可接触控制的人机关联线形和符号。产品功能实现的前提是具有优良的接触方式和触感，什么样的接触方式疲劳度最低，什么样的接触面吻合性最高，都反映在产品结构上，回应人的行为。其大体分为以下几个方面。

（1）触点

它是以人的肢体点的尺度和形态特征、以正负形的吻合关系设计的产品的触及面，如按键面、座椅面、靠背面等。例如，椅面的设计就运用了与触点形态吻合的线形，再结合具有弹性的材质，该触点表现就更加符合人体学设计，如图 1-2-3 所示。

图 1-2-3　坐凳的设计

（2）尺度

尺度一般表示物体的尺寸与尺码，是指人体的不同尺度在和产品应用发生关系时，需要在产品尺度表现上充分体现舒适保障。如台灯支杆的长度与桌面的大小尺度要协调，灯罩的高度、投射角度与桌面的可视面积要协调；再如吧椅的高度从尺度的表现上展现着使用需求的目的和设计价值，如图 1-2-4 所示。

图 1-2-4　吧椅的设计

（3）幅度

幅度是指根据人的肌体的运动幅度和动作可变幅度设计产品的形态。如人的五指运动幅度要与电话组合按键相协调，手机造型要与握取、操纵按键的幅度相协调。产品的机能构成形式在人的作用面上都具有一定幅度的运动和可变关系，要依据人的特征设置结构，把产品构成作为动态的人的依附，以最大限度地适应和表现人的活力。罗技鼠标根据手操作鼠标的姿势，手掌和手指的活动过程触及范围等，选择最恰当的形态表达，如图 1–2–5 所示。

图 1-2-5　罗技鼠标的设计

（4）方式

产品设计要根据人的生理和心理因素确定产品的作用方式。如按键的排列是从左至右还是从右至左，门锁的锁口方向朝往哪边最适合人的需求，医用病床是分段起放还是两边任意调整更方便病人等。产品功能的实现方式有多种，人在综合因素作用下有多种选择方式，这时，能够满足人的本能特征、体现人的最佳行为方式的产品最具人性化元素。以下是一款单手开瓶器，可以让您仅用一只手就能轻松开启各类酒瓶，如图 1–2–6 所示。

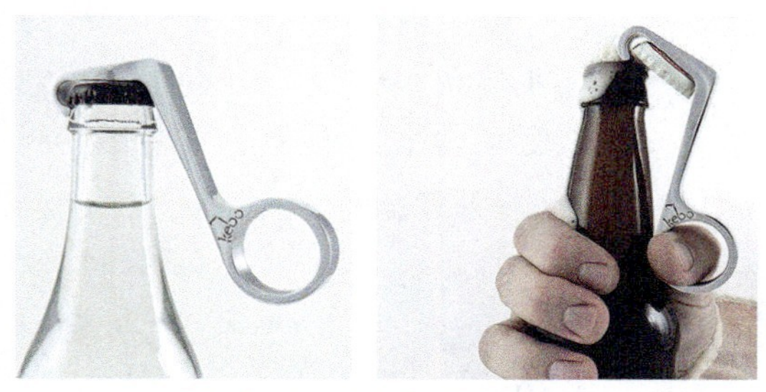

图 1-2-6　单手开瓶器的设计

对多数人的行为习惯进行归纳、分析，在行为连环分布的比较中归纳出最易被认同的操作次序，并优化形成操作表现方式，能从人的本性特征上建立起没有行为障碍的操作控制系统，如操作控制面板、汽车驾驶室、工具盒的开启结构、门的开启次序等。部分产品的方式设计如图 1–2–7 所示。

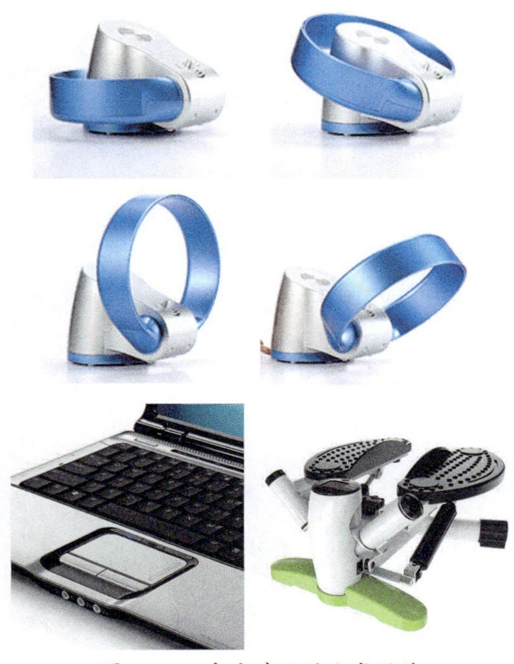

图 1-2-7　部分产品的方式设计

（5）力学

在力学方面，产品造型形态美的视觉感受与力学中的强度、刚度的合理性以及力学原理人机工程学的运用有深刻的潜在联系。例如，饮料的瓶式包装常采用压肋加固结构，加强筋的使用是因为大面积的薄平板的强度和刚度都很差，经过凹凸压肋，可大幅度提高薄板构件的强度和刚度，使其坚硬；同时能增大摩擦力，手握起来会更舒服，方便拿、放、使用；另外，在视觉效果上打破了一大块儿平板的单调、平淡、无生气、疲软，凹凸压肋增加了立体感和层次，使产品显得更挺拔、结实、有劲、丰富、生动。力学在饮料瓶中的应用如图 1-2-8 所示。

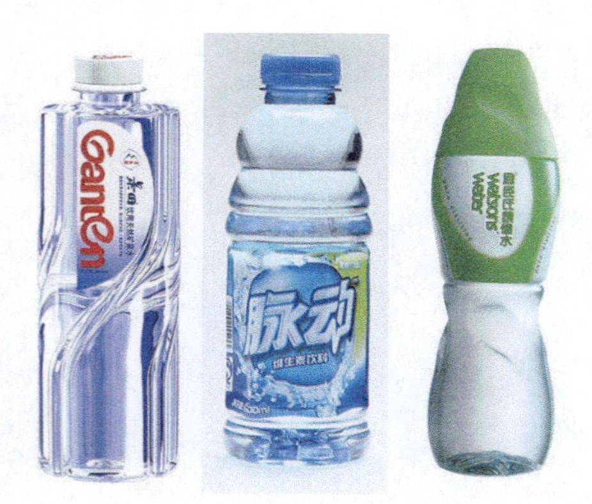

图 1-2-8　力学在饮料瓶中的应用

特别是在工具类产品的设计中，力学直接关系到其使用功能，体现其设计品质。如图 1-2-9 所示的核桃夹子。

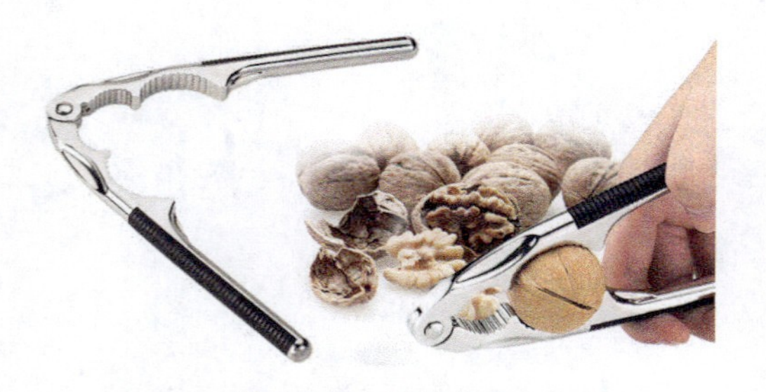

图 1-2-9　核桃夹子

3. 产品设计的内涵

设计是一种创造性的活动，设计的目的是改善人们的生活，提高生活品质，满足人的生理与心理等多方面的最大需求；设计的宗旨是以有形的物质态表达无形的精神态，精神态就是指设计的内涵，它传递着一种情感，表达着一种功能方式、一种思维、一个时代、一种时尚导向、一种文化，或给人带来轻松、幽默、愉悦、积极的心理体验。

产品深层的文化内涵作为设计中的非物质设计元素，是实现产品情感化的另一个关键所在。产品若能够与人们交流，首先必须得到人们的认同，这是一种内在的精神层面的对话。我们看到，传统的文化、人文精神是人们的风俗习惯、生活方式和思想观念等经过漫长的历史沉淀，在特定的历史和环境中，人们达成和所拥有的普遍共识。传统文化能够通过人的有意识或内在无意识，对自己生活的世界进行理解和改变。所以文化对设计会产生潜移默化而又非常深刻的影响，设计可以通过渗入传统文化，唤起人们脑海深处的回忆，使人们产生审美的愉悦、精神上的慰藉和归属感。当然，历史在发展，文化随着时代的发展而不断调整变化，因而不同时代人们的思想观念和情感诉求是不同的，所以设计的文化内涵应具有时代特色，在传统的基础上采用符合新时代精神需求的设计元素，以实现人们的沟通并使人们找到情感的依托。餐具的文化渲染运用如图 1-2-10 所示。

图 1-2-10　餐具的文化渲染运用

笔者设计的一款果盘，设计宗旨是将无形的文化内涵运用到产品设计中，让有形的产品来承载无形的文化和美德。它的设计灵感来源于“孔融让梨”的故事，通过抽象的产品造型向人们展现谦让之美。圆润、饱满的曲线，含蓄而又不失活力。果盘主要由一个大圆盘和两边的小圆球构成，从中间分割为黑白两部分，分别代表两个小孩。果盘设计形象地体现了两小孩互相推让的情景：右侧的小孩拱起双手，恭敬地将盘中的果品让给左侧的小孩，而左侧的小孩则身体后仰，双手摊开，想将盘中的果品让给对方。笔者给一个静止的果盘赋予了些许灵气和生命力，同时又起到了很好的文化推广作用。如图 1-2-11 所示。

图 1-2-11　果盘设计

4. 材料工艺

在当今科学技术飞速发展的时代，新技术、新材料等不断被应用于设计之中，并使产品被赋予一种新的品质，从而更好地服务于人，而这些新事物也为设计的创新带来了契机。

现在非常流行的变色杯子如图 1-2-12 所示。该变色杯子由同轴设置的外杯和内杯两部分构成，在两杯之间设有一个内充热敏变色挥发液体的夹层腔，在内杯的外侧壁上镂刻有与该夹层腔内通的艺术图形通道，当饮水杯倒入热水后，夹层腔中的热敏液体会产生色泽变化并升逸于内杯的图形通道中，使杯壁显现出艺术图案，从而使人获得美感和艺术享受。

环保的理念在设计中的地位越来越重要。如由荷兰艺术家 Geke Wouters 设计的可以食用的餐具，如图 1-2-13 所示，该套餐具是由胡萝卜、辣椒、甜菜、韭菜、西红柿以及其他蔬菜等通过特殊的干燥工艺制成的。它们的造型独特而丰富，最重要的是可以被轻易地降解，且没有一点儿污染。

图 1-2-12　变色杯子

图 1-2-13　可食用的餐具

5. 产品市场

产品设计产生的条件是批量生产和激烈的市场竞争。产品设计对现代社会的人类生活产生了巨大的影响，并构成了一种广泛的物质文化，提高了人们的生活水平。

产品市场多种多样、千变万化。消费者的需求各不相同，设计的展开要以市场为导向、以消费行业为龙头。在设计的开始阶段要对市场和环境进行调查研究，充分了解市场变化、供需关系、消费导向、流行趋势等，客观、科学地给予产品恰当、正确的定位。有了正确的产品概念规划，生产者和设计者的构思和计划才可能得到实现，也才能使企业在竞争中立于不败之地。现代的成功设计都是在充分的市场研究基础上确定的设计战略。

市场是一个商品化的社会，以追求利润的最大化为根本目的。在这样的社会中，只有实现了最大化的商业利润才是成功的，才能建立起自己的形象，从而最终被社会认可。企业要在这样的社会中生存，就要合理地利用自身掌握的资源，在良好的企业管理机制下，创造自己的核心产品，通过产品推销自己，使产品既为企业实现最大利润，又为社会创造最大的社会效益，让公众认同，树立良好的形象。所以，产品就是企业的支柱，也是企业的灵魂。产品设计的目的就是创造产品，提升产品的品质，实现产品的价值，从而实现企业在市场的价值。目前，产品设计由设计产品发展到设计企业，引导了市场的发展潮流。

产品设计有利于实现企业的长远发展规划和形象的建立。产品是一个企业活动的核心，在企业的长远发展规划中，合理的设计管理可以促使产品品质以及生产进入一个企业自己的特色系统中，即在激烈的市场竞争中创立自己的品牌，建设自己的企业文化，树立自己的企业形象。纵观国内外的一些大型企业，它们之所以能够很快地推出新产品，并能很快地占领一定的市场，其主要原因在于它们的新产品拥有属于自己的延续性和系统性，即在新产品的开发和设计中注重产品品质的家族系列特征，所以它们能够在消费者的品位多元化和不定性变化中迅速将新产品投产，并适时推出，抓住和保证产品的市场占有率和时效性。在企业的长期发展规划中，因为产品设计贯穿于新产品的开发的整个过程，从市场分析到开发直至营销，并且它的设计风格、方向直接影响企业文化和形象建设，所以合理的设计可以帮助企业建立一个有价值的、规律化、具体化和丰富化的新产品开发战略导向与规划，只有这样，才能有机会把握潮流，使企业走在行业的前沿。品牌产品系列就是通过设计建立自己的品牌，通过知识产权保护自己的品牌，以产品的系列感形成总体的产品形象，如图 1-2-14 所示。

图 1-2-14　品牌产品系列

第三节　产品设计与生活哲学

生活是一种哲学，产品设计也是哲学的体现，它是一种智慧。设计使得产品通过人的身体器官、思想意识的作用，使生命自身产生愉悦、美好的体验与感觉，在物质需求与精神需求上得到满足。

1. 创新理念

创新是一个永恒的理念，设计者必须在继承的基础上不断发展与探求，灵活地运用新材料、新技术、新工艺、新理念等创造出新的产品。只有符合时代特征，产品才具有强大的生命力。

（1）通过观察，发现问题、解决问题

沙发的缝隙里经常隐藏着硬币、钥匙等不知道什么时候掉进去的小物件。设计师巧妙地利用沙发的这个“缺点”，设计了一款名为“迷失”的沙发。整个沙发由一个个柔软的小立方体组成，夹缝之中可以随意放入任何小东西：手机、书本、遥控器，甚至是饮料、花朵。方便的夹缝不仅扩展了沙发的功能，还给您的日常生活带来不少方便，如图 1–3–1 所示。

图 1-3-1　沙发的设计

图 1-3-1　沙发的设计（续）

（2）研究设计新的使用方式和生活方式

日前，一位加拿大的设计师发布了一款革命性的“鼠标”。它就像手套一样可以“戴”在用户的手上——食指和中指分别配有左、右键，虎口处配有光电追踪器——鼠标成了身体的一部分。也正因如此，这款特别的“鼠标”被誉为“空中鼠标”。同传统的鼠标相比，依据人体骨骼和韧带的分布而设计的“空中鼠标”能让您的操作更加轻松。此外，当您将双手靠近键盘的时候，鼠标会自动做出反应，停止工作，让您在不取下“鼠标”的情况下也能轻松地打字，如图 1–3–2 所示。

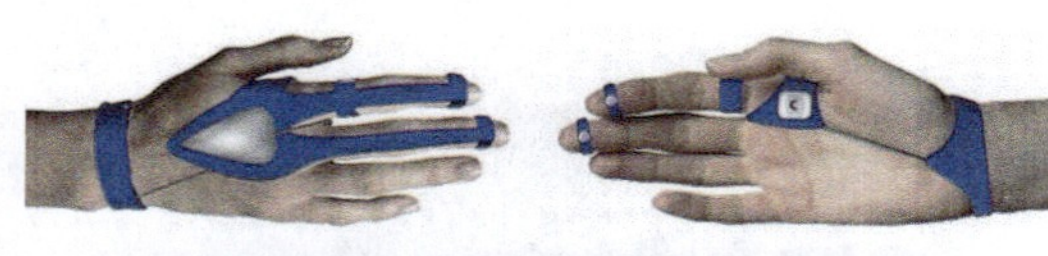

图 1-3-2　鼠标的设计

有一款概念车竟可以像阳台一样吸附在墙上，从而解决了停车位紧缺问题，它就是标致 Metromorph 概念车。它可以让你自由自在地穿梭于城市的每个角落，如图 1–3–3 所示。

图 1-3-3　汽车设计

（3）发明创造，科技创新，引领生活

这款水龙头由意大利 Newform 制造公司制造，它的水温、水流量都由电子控制。在桌面上有一个简单的按键区，可以由用户控制流量和温度，按键区的中心是一个显示屏，可以很直观地显示流出的水温和流量，如图 1–3–4 所示。

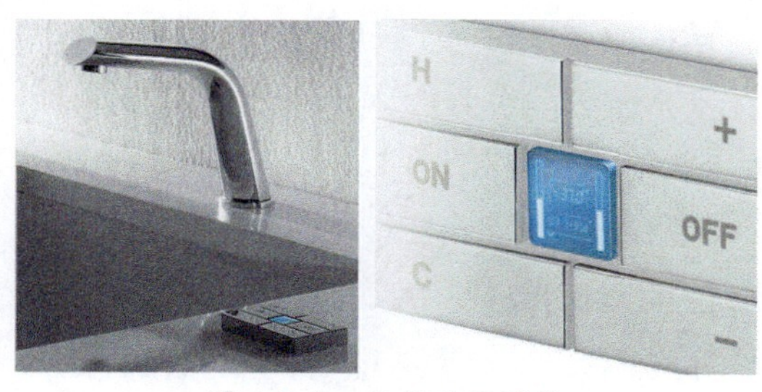

图 1-3-4　水龙头的设计

笔者在 2010 年韩国全球设计竞赛中的获奖作品——厨房一体化设计方案（如图 1–3–5 所示），采用了“魔方”的基本造型，将不同的家用厨房电器以及其他功能集于一身，并分布于各个模块中。它吸取了魔方变幻丰富的优点，同时它变幻的形式并不局限于魔方的造型，即各个模块之间的组合形式更加灵活、更加丰富，以适应不同的功能和环境，以及人的实际生活需要。此外，与以往的一体化厨房最重要的不同之处在于，它将部分和整体之间的关系不仅仅局限在从属和被从属的关系上，即它其中的部分功能模块可以脱离整体，成为便携独立的功能体，如冷藏器、储物器等，以方便地应用于其他场合，如户外等。该方案突出了烹饪的人是厨房的主人，以人为本，使厨房适应人的活动，而不再是把人固定在厨房的固有模式之中。魔方一体化厨房的灵活性决定了它的多种变化形态。它可供个人边吃边烹饪，也可供多人聚餐使用，集娱乐、烹饪、教学于一体，打开了一种全新的生活方式。它打破了以往固定的空间束缚，不局限于固定的空间，可以移动。总之，独到的“魔方”一体化厨房让烹饪成为一种乐趣。

图 1-3-5　厨房的设计

图 1-3-5 厨房的设计（续）

2. 文化思想

通过设计，在产品基本的使用价值之外，能为消费者添加额外的价值，同时也能提高产品自身的价值。这种额外的价值既有审美意义上的价值，也有个性和象征意义上的价值。好的设计是质量的重要组成部分。相同的技术能为更多的企业获得，所以产品的技术质量不能保证市场优势，设计赋予产品的在审美和象征意义上的价值才是使产品畅销、让用户满意的保障。

老子、庄子是我国先秦时期卓越的思想家、哲学家。他们的道德哲学著作不仅对人类生命形态中人与人之间的关系有着透彻的论述，而且在极为明晰的哲理思辨中还包含着人与自然关系的一般原理，指出了人对自然应当遵循的行为准则及践行这些准则的方法，提出了崇尚自然、尊重天地、无以人灭天、天人不相胜等环境伦理思想和人与自然和谐相处的道德规范，表达了古代中国人民与自然关系的一种美好理想，开创了世界环境伦理思想的先河。师法自然、天人合一是中国古代哲学的基本精神，也是老子、庄子的宇宙观和思维方式。

老子、庄子把“天人合一”作为人生追求的一种境界，把人与自然和谐相处作为人的极重要的道德规范，认为有了这一境界、遵循这一规范就会产生一种渗透于自然万物的关切情怀和生命体验，从而自觉地与自然同体同德，与自然万物相亲相爱，而不会将自己与自然对立起来。我们生活在自然当中，产品设计的本质就是研究人、产品、环境三者之间的关系，因此，产品设计创作思路要力求来自自然、运用自然、追求自然。“师法自然”是以大自然为师并加以效法的意思。人与自然之间的关系，应该是相互依附、和谐共处的。随着社会的高度发展，现代世界正在失去人与自然的亲密接触，人们承受了越来越大的被动生活和工作压力，越来越向往自然，希望通过自然来寻找情感的寄托，寻找自然品格的生活空间。人类的天性是寻求自然，它值得当代设计师对其进行更深、更广的探索和研究。笔者根据天人合一的思想，提出了产品设计的一些思路，即从大自然以及与人类的关系中寻找设计灵感，从而达到一种“平衡美”的价值体现。

设计若本着“天人合一”的文化思想，站在人与自然关系的高度，关怀人的内心深处的回归的设计思想，使产品设计超越审美和宜人的范畴，上升到探讨人与物的学关系上，将带来设计思想上的飞跃。

人们向往自然，渴望亲近自然。人是自然界的生物物种之一，自然会对自然界中形形色色的动物或植物产生某种共鸣。仿生设计学的主要研究内容就是人与自然的共生，它是研究生物体和自然界物质存在的外部形态以及其象征寓意、功能原理、内部结构等的科学。运用仿生性思维进行设计，抓住事物的本质，不仅能创造功能完备、结构精巧、用材合理、美妙绝伦的产品，而且会赋予产品以生命的象征，让设计回归自然，促进人类与自然的统一。因此，产品设计师要学会师法自然，运用仿生性设计思维，创造人、自然、机器和谐共生的对话平台。如笔者设计的一种钟表，将绿色生态的主题通过视觉冲击表现手法在表盘上呈现出来，并从给人以自然、清雅、舒服的语义目的展开，以两条金鱼为主要角色，使其分别代表时针和分针，在可控制的起伏不平的涟漪盘面上游动，营造出自然生态的氛围。整个设计好似湖中养的金鱼在水中嬉戏，时而簇拥，时而分开，时而又似微风拂来、激起涟漪，恰似一幅画卷，清心、秀美、贴入人心，如图1-3-6所示。

图 1-3-6　钟表的设计

设计应打破现有的物质、社会和竞争等因素驱使下的人的习惯和规律，使人们回归到本性的、自由的和真实的自然元素当中，去体验与自然和谐相处的感受。比如，过去人的洗浴习惯是被动的，但现在我们要抓住水与自然之间的关系，把洗浴想象成在水中的嬉戏，然后去指导洗浴产品的设计。再比如我们设计的不仅仅是加热器，也是一种温暖；设计的不仅仅是灯也是光明；设计的不仅仅是床也是一种睡眠方式；设计的不仅仅是电扇也是自然环境中的缕缕清风！这样，设计与自然之间就能更加紧密地联系在一起，并促使人的内心深处的情感迸发出来，与自然融合在一起，进而达到产品设计的真正目的。

在产品设计中，通过内涵价值能体现一种人文关怀，体现一种时代气息，体现一种哲学思想，体现一种地域文化等。三星“馨韵”双开门冰箱，打造中国气质，提炼传统艺术中的图案元素，使其与现代产品设计思潮相结合，提升了生活产品的品质。如图1-3-7所示。

图 1-3-7　三星“馨韵”双开门冰箱

Chinoiserie是法文单词，意为“中国的”。这个词汇在18世纪中期被吸纳到英语中，指当时非常流行的一种装饰艺术风格——

中国风。

18世纪的法国，名为“Chinoiserie”的风格迷倒了凡尔赛所有的贵族。富丽的色彩、奢华繁复的首饰设计、芬芳的茶叶、自然主义的园林，这个名词背后是对神奇富饶的东方宝藏的憧憬。Chinoiserie这种法国式的典雅品位像流感一样席卷了欧洲大地。300多年过去了，当Chinoiserie被时尚圈重新提及，中国作为全球第二大经济体再度成为被憧憬的掘金之地，腰缠万贯的东方新贵们被欧美时尚品牌顶礼膜拜。一条时尚的甬道从巴黎直通上海，从东方直捣西方。

设计作为一门综合学科，一国文化对它的目的、理念以及风格的影响是极其深远的。设计直接反映出这个国家的文化积淀以及该国主要民族的心理共性。在中国，传统文化的发展是一脉相承的，是从未间断的，因此传统的基础性的主流文化思想极大地影响了设计的价值内涵。民族文化存在的前提就是其独特的个性，先有民族的然后才是世界的。设计要通过调查研究，分析解构、归纳总结我国民族文化的特征、精髓，有效地利用新形式下的环境、科技、感官情感等，运用创新的产品设计方法将民族文化艺术与时代特色，更好地结合。同时，要在我国民族文化的传承中，用新的科学性、时代性和前瞻性的设计表现形式来弘扬民族特色，将民族文化美学元素运用于创意产业领域，使其进入科技产品之中，提升其价值，再现其魅力。

中国设计要想健康发展，必须汲取中国文化的营养，形成“有中国特色”的设计风格。中国传统文化对设计的影响越来越大，因为秉承和发展一切优秀的传统文化是创新的前提，而找出美学传统的物化表现方法，将传统的艺术精神注入设计师的头脑里并与现代意识相结合，其本身就是一种设计理念的创新。

传统文化元素是产品创意的一个重要来源，传统文化包含着有形的物质文化，但更多地体现在无形的精神文化方面，体现在人们的生活方式、风俗习惯、心理特征、审美情趣、价值观念上，它内化、积淀、渗透于每一代人的内心深处。因此，要顺应时代的发展，在设计中寻求新的表现形式，使之在现代的设计中得以创新和发展，创造丰富的文化和精神价值来满足当代人的心理需求，同时适应当代人的审美和功能需求。这是设计创意的突破点。

在日益增长的物质文化的需求下，人们有追根溯源的心理诉求，有对传统文化的传承性诉求。作为设计者，我们应努力用各种方式来传承和发扬传统文化，并将从这种传统文化中得来的经验与启示应用于现代化生产中，实现民族文化美学在产品创意领域中多维、多元化的继承与发扬。

例如，传统图形的产品设计的运用。我国传统图形艺术的历史源远流长，发展到现在已有几千年的历史。其种类繁多，各式各样，其中比较多的有象征吉祥的动物以及人物图案。图形艺术起源很早，而且不断得到发展，虽然其发展进程时快时慢，但从未中断过。如商代青铜器上的饕餮图形，春秋战国时期的蝌蚪文和梅花篆，汉代漆器上的凤形以及唐代的宝相花纹等，它们在自己的发展和演变过程中既一脉相承又多姿多彩，它们的格调多样而又统一，显示出独特、深厚并富有魅力的民族传统和民族精神。这些图形在历史的发展过程中不断地沉淀、延伸、演变，不仅深刻地反映了图形艺术形态所表现的审美意义和社会意义，也拓展和延伸了艺术创新思维的主体内涵，从而形成了中国特有的传统艺术体系。

我国传统图形因具有鲜明的地域性和民族特色而尽显中华民族的风貌。传统图形除了在纸张或其他平面上表现出来的图形外，还包括传统的青铜器、石器、彩陶、漆器或具有传统意味的其他物体形状及其表面的纹样和装饰，其中包括民间艺术的诸多方面。我国的传统图形形式丰富，文化内涵深刻，我们从事设计时，应当以切合设计主题为前提，尝试将某些具有象征意义的传统图形运用到设计中去，以此来表达某种意趣、情感和思想；或是对传统图形进行分析，将某些元素进行转化和重构；或是将传统的设计手法与现代的图形创意相结合，使其展现民族特质、中国韵味，而又具有时代精神。

中华民族有着自己高贵的品质，它顽强而乐观，它展露出达观向上的审美情趣；它爱好和平，以生命繁荣为最高的美，在任何情况下都祝愿生命繁荣。中国传统图形中，很多都展现出了幸福、生命、长寿、欢喜、圆满的内涵，如福禄寿、双喜等字形，以及如意、盘长、祥云等纹样。可以说，追求圆满与和谐既是中华民族的文化心态的稳定特征，也是民族传统、民间艺术的审美理想。因此，我们在产品设计中应抓住这一关键所在。这种审美情趣下所呈现的设计，不仅朝气蓬勃、内涵深刻，也使人喜闻乐见。

如今的产品设计，很多成功的设计创意也巧妙地运用了传统图形的内涵与魅力。如图 1-3-8 所示的三星“暗香”显示器，该显示器的外形承载了浓郁的中国味道，秉承了中国传承千年的文明积淀，并将其与世界文化元素巧妙融合。三星的设计团队打造的这款产品真可谓内蕴丰厚的佳品。

图 1-3-8　三星“暗香”显示器

设计实践

思考并练习

1. 怎样理解产品设计“以人为本”的理念？

2. 浅谈品牌与产品设计之间的关系。

3. 在厨房用品中发现问题并尝试进行改良设计。

4. 以卫浴产品为例进行人机工程分析。

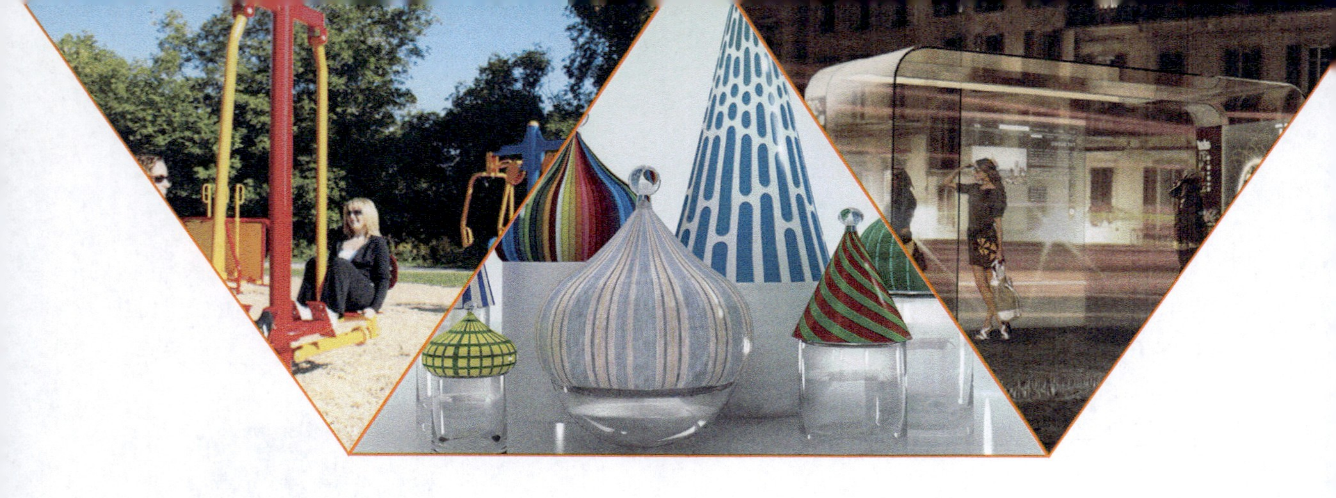

第二章　产品设计的类别与表现

第一节　餐饮产品设计表现
第二节　箱包、运动鞋产品设计表现
第三节　日用品产品设计表现
第四节　家具产品设计表现
第五节　电子产品设计表现
第六节　家用电器产品设计表现
第七节　旅游纪念品产品设计表现
第八节　交通工具产品设计表现
第九节　文化元素产品设计表现
第十节　绿色产品设计表现
第十一节　公共产品设计表现
设计实践

第一节　餐饮产品设计表现

在漫长的历史中，饮食作为人类生存和生活的一种基本形态，它的内涵随着生活方式、习惯和社会风俗等的变化而不断发展，不断被充实，不断渗入更多的文化和意识等精神态内容。在今天，无论在何时、何地、何种氛围和环境中，人们分享或独自享受饮食的过程，都已不再仅仅是传统的物质和社交需要等，而成为一种有意义的体验过程。

“吃穿住行”是人的生活基础，也是人最重要、最关心、最离不开的，说产品设计围绕吃穿住行最贴切不过。民以食为天，如何吃好、吃得健康、吃得方便以及吃的环境、吃的精神状态等越来越为人们所重视。

我们知道，设计是一种创造性的活动，设计的目的是改善人们的生活，提高人们的生活品质，满足人的生理与心理等多方面的最大需求。那么，在餐饮产品的设计中，我们该如何创造具有新的审美特征、功能性强以及能引起心理共鸣的餐饮产品，满足不同文化特质下人们多层次的感官和情感体验呢？

1. 对生活情感的把控

在形形色色的餐饮产品中，设计品质直接影响着人们的生活情感取向，设计师应该通过产品的形态、生活和使用方式等外在的视觉元素，以及它们的文化和精神内涵，激发消费者对产品产生情感上的共鸣和认同，满足人们的生理、心理等需求。

情感的传达方式有很多，而人们在与产品交流时，产品会通过可见的和不可见的设计语言向人们传达它所蕴含的情感元素，并通过使用者的主观体验和认知反映出来。

首先，产品形态是处于本能水平的设计语言，是最为直观的情感载体，它包括产品的造型、材料、色彩等构成元素，并能够依靠消费者的视觉、触觉等基本的感知器官，通过消费者的想象、记忆等各种认知能力，唤醒他们的情感诉求。点、线、面等根据不同的审美规律调和而成的结构形式，丰富而不同的色彩搭配，不同触感和视觉感受的材质的应用等，传递着设计的种种语义，让人们产生不同的情绪和情感回应：或热情，或冷漠；或严谨，或活泼；或质朴，或华丽；或生动，或有趣等。

比如色彩情感。我们生活在一个五彩缤纷的世界里，色彩是传递信息的最直接的视觉感官符号。当代美国视觉艺术心理学家布鲁墨说：“色彩唤起各种情绪，表达感情，甚至影响我们正常的生理感受。”在产品设计的诸多要素中，色彩作为产品最显著的外貌特征，具有先声夺人的魅力。通过色彩语义的传递，消费者能够感受到一种特定的情感体验，从而使产品激发出所要传达的情绪和情感回应。色彩不同，对人的情绪、行为产生的影响也是不同的。餐具的色彩设计如图 2-1-1 所示。比如，红色或较鲜艳的暖色能增加食欲。好的、合理的色彩设计很容易得到消费者的青睐，因为它能给人一种愉悦、舒畅的心理回应。

图 2-1-1　餐具的色彩

比如造型形态情感。消费者是人，而人都是有感情的。产品的造型形态应有情趣，应具有生动悦目的表达特征。生动悦目与视知觉、视觉心理有关。所谓“生动的形态”，是指形态能表达出具有生命的、活力的、运动力的语义。这种语义是人们长期在生活中向大自然汲取的精神财富。所谓有生命的、运动的，不是指会蹦会跳的自然形态，而是指产品的外形具有的一种深层的内涵能力，这种视觉力是精神上的生命力。人们通过对自然界生物的具象和抽象以及生活经验的积累，提炼出形形色色具有生命知觉的感觉，如生长感、膨胀感、扩张感、孕育感、舒展感、分裂感等。人们正是通过这些感觉进而感触到生命的存在的。餐具的造型设计如图 2–1–2 所示。

图 2-1-2　餐具的造型设计

其次，合理的功能设计可以满足人们对产品的实用性需求。在人机工程学的指导下，设计师应该使产品具有简单易懂、易识别、易操作、安全等特征，使消费者的操作方式和行为习惯得到最合理的设计和安排，促使人与产品的交流互动过程符合人类深层次的情感需求。同时，人的行为方式也自然地成为传达人们生活情感的另一种设计语言。这些是处于行为水平的设计语言。

比如餐饮产品中人机关系的表现、产品内部的所有功能都必须外延到表面，形成可以直观辨别的结构，如产品的拿放、握取、拆装、可调部件的结构排列、指示等，从直观外形上表达出可接触控制的行为符号。符号，是人对生活形态的直接感知经验。设计时可以谋求某些经验性记忆符号的特征化表现，从而使消费者可以顺利地适应新产品的使用方式。例如，让产品的尺度和大小符合人体操作部位的比例尺度和幅度；归纳总结人的行为习惯，优化产品的操作表现方式。当然，最终目的是使设计的餐饮产品符合人机关系的要求，使人们能感受到产品所体现的一种亲切和关爱的特征。如图 2-1-3 所示勺子的设计，这样就不怕勺子掉到碗里了，而且仿生设计的小鸟栩栩如生，充满生机和趣味。

图 2-1-3　勺子的设计

图 2-1-3　勺子的设计（续）

人们过生日时一般会吃蛋糕，而切一块蛋糕并将它拿到盘子里也是个灵巧活，如何切得平均、切得好看？这就有了餐刀的设计出发点，流线的造型，五彩缤纷的可选配色，轻轻一放、一夹，又好看又均匀。简单的蛋糕餐刀如图 2-1-4 所示。

图 2-1-4　蛋糕餐刀

2. 创新思维

创新是设计的原动力。在为餐饮设计产品的过程中，寻找创新的方法，寻求一种新的生活方式、一种乐趣、一个时代特征、一种价值体现、一种生活品质等，便能使为餐饮而设计的产品携带新鲜的气息，满足人们多元化的个性需求，丰富人们的生活和情感体验。

第一，体验设计与创新。产品最基本的功能是服务于人们的使用过程。今天，产品在提升人们的生活品位中所体现的作用越加明显，其良好的功能性和趣味性能引发人们就餐体验过程中的不同感觉和情绪，使人们在交流和互动中感受到美好的精神体验，而这正是它存在的价值和意义。

例如，Damjan Stanković 设计的一款贴心的煮面工具，如图 2-1-5 所示，它不但可以方便地量取食材，而且由于同时具有勺子和锯齿状的功能部位，可以方便地取出煮好的面和汤汁。

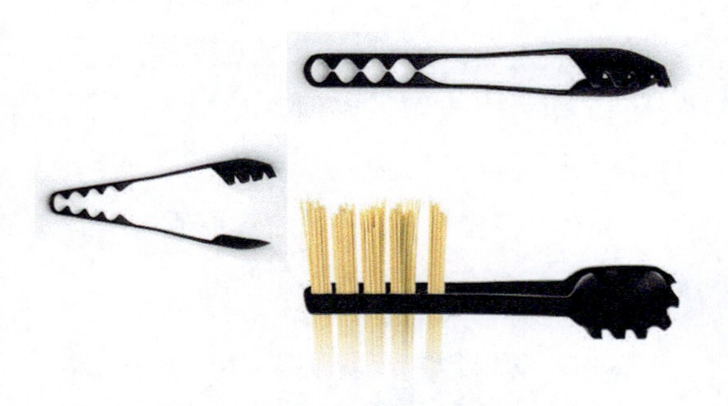

图 2-1-5　煮面工具

LoveHandles 重新思考了餐具与人的关系，他们认为，人们完全没有必要为避免沾上桌面的灰尘或其他味道的食物而刻意地放置刀叉，于是，一套"飘"在桌子上的刀叉便诞生了。比例故意失衡的设计使得刀叉筷可牢固地放在桌面，而又不会让使用部分接触到桌面，的确与众不同！

图 2-1-6　刀叉餐具

再如，具有趣味性和娱乐性的餐饮产品不但可以提高生活的品位，而且能让平淡的生活多一些情趣，活跃生活氛围和环境。趣味性设计有一种使人愉悦、具有强烈吸引力的特性。通过造型、色彩、材质等传达某种特定的情趣，能带给人开心、爱不释手和回味无穷的感觉。通过趣味餐饮产品的配合和刺激，可以让人们获得用餐过程中轻松、愉悦的精神享受和情感满足。

就产品的形态来说，通过采用富含幽默或怪诞的设计语言及夸张、仿生、象征等造型符号表现方法，可以塑造出一种具有趣味性的形象。如图 2-1-7 所示，这款咖啡杯，设计师将人的各种表情符号应用于其中，当我们使用这样的杯子时，一定能被这种有趣的设计所吸引，并能在会心一笑和愉悦的心情中品尝浓香的咖啡。这恰是普通的咖啡杯做不到的。

设计时还可以制造一种有趣的生活情景，或者融入一个有趣的游戏等，将消费者的情感参与和互动融入设计中。通过人们的想象和联想，触动人们脑海中的某段记忆或幻想情景等，让人们在餐饮过程完全处于这种奇特的轻松氛围中，如图 2-1-8 所示。如这套折纸童趣餐具，如图 2-1-9 所示，它便将儿时的游戏——纸船应用于其中。当使用这一套餐具时，你会不会沉浸在对美丽童年的愉快的回忆中？这些"小船""漂浮"在餐桌上，你会不会有一种重温儿时曾玩过的游戏的感觉？这样的用餐体验必将是一种包含更多精神和情感成分的奇妙体验过程。

图 2-1-7　咖啡杯的设计

图 2-1-8　情景的融入

图 2-1-9　折纸童趣餐具的设计

图 2-1-9　折纸童趣餐具的设计（续）

第二，多维感官设计理念与创新。当今的设计更加强调和注重通过人们的各种感官——感觉、听觉、触觉、嗅觉和味觉等的交互体验，使产品从更多方面和层次愉悦人们的精神和情感，从而实现它的功能和精神价值，如图 2–1–10 所示的视错觉餐垫。

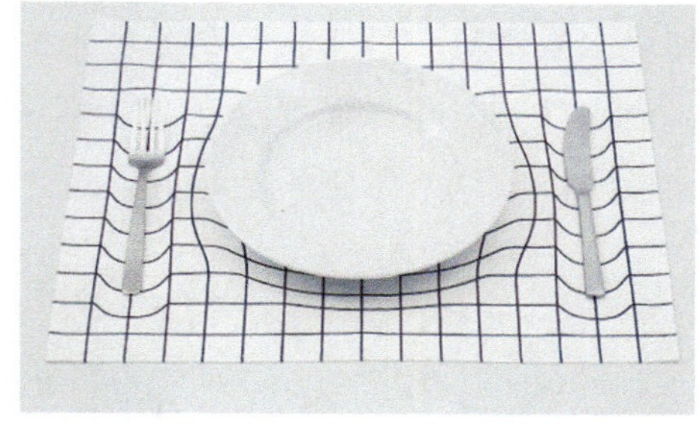

图 2-1-10　视错觉餐垫

那么，如何在为餐饮而设计的产品中挖掘人们的多维感受呢？设计者可以在人们某种特定的餐饮过程中融入表现某种特别的听觉、触觉或嗅觉的设计语言，以增加用餐的情趣，渲染某种环境氛围，使人们的体验更加丰富。如私人聚会中，可以在用餐的过程中添加听觉因素，如将音乐融入餐具的设计中，活跃用餐过程中严肃古板的氛围，使人们能够在轻松的环境中，在彼此的互动和交流中，愉悦地度过一段美妙的用餐体验过程。再比如茶具的设计可以结合茶水被倒入和倒出的过程，增加某种听觉体验，如模拟一种高山流水的声音，从而使人们在品味茶香、欣赏茶道艺术的过程中获得一种高雅的体验，这种设计能使这种高雅的意境更加立体，使人们的感受更加丰富和真实。

形态是产品的最基本的设计语言，而通过人们的联想、想象和经验等，它本身就能表达具有多种感官情感的语义。比如我们知道不同的造型线条能够给人不同的感受：曲线的柔软、弹性，直线的坚硬、冰冷等；不同的色彩可以传达出味觉才能体验出的酸、甜、苦、辣；不同材质的肌理可以传达细腻、粗糙、光滑等感觉。由此看来，在寻求多维感受的设计方法中，餐饮产品的形态设计有必要根据特定的使用环境，采用具有恰当感官情感的形态语义，以使之能够和谐地融入人们的生活中。

第四，设计来源于生活，并最终回归到生活之中，进而改善人们的生活品质，满足人们生活中的需要。综合以上多元设计思路，针对大多数人在用早餐时一边看报一边吃饭的习惯，笔者设计了一款Media托盘，如图2-1-11所示。该设计融入了用户体验以及科技时尚等设计观念，将托盘的功能传媒化，即将信息传媒与托盘结合在一起，不但创造了新的产品价值，同时也满足了人们对信息传媒的即时需求，能更加方便地服务于人们的生活，使人们的早餐过程有一种别样的体验。

Media托盘将功能、技术与创新结合在一起。它由外壳和内部构件组成。外壳采用有机玻璃，内部结构采用液晶屏。信息资源会通过蓝牙传输给Media托盘，按键采用全触摸，以方便人们使用。

设想，当我们在快餐厅吃早餐时，不仅可以用Media托盘端食物，还可以一边用餐一边浏览托盘上的信息资源，这样不但符合现代人的生活节奏，还创造了一种新的用餐方式。

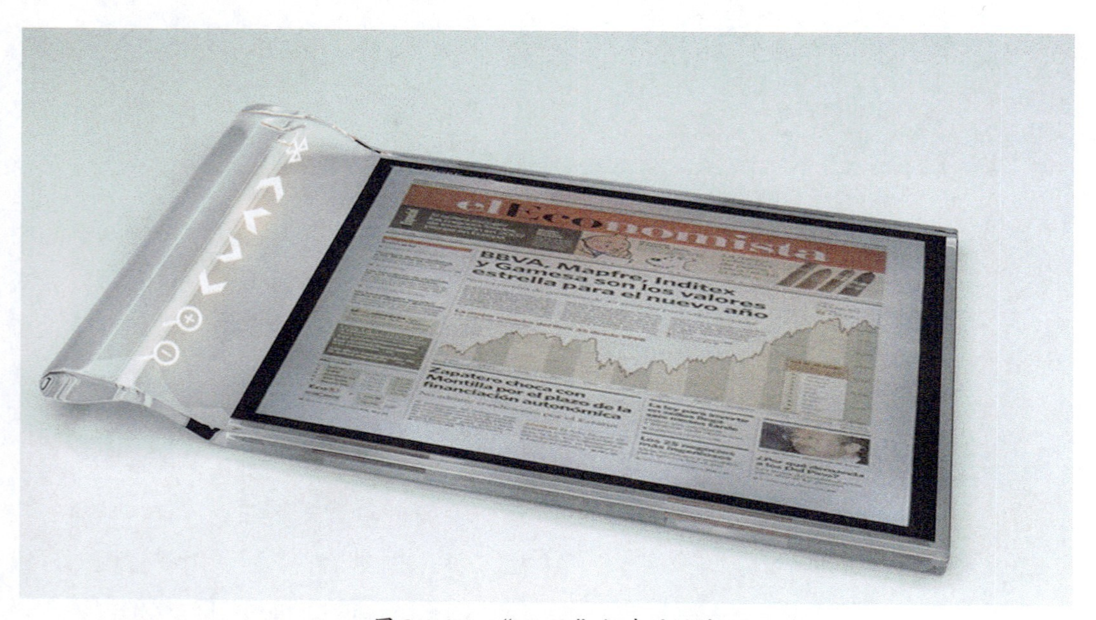

图2-1-11 “Media”托盘的设计

电子食物托盘

在快餐店、咖啡厅里，会在食物托盘上放置一些宣传广告。不如把托盘设计成电子的，同时再拓展其功能，在托盘上安装显示区域并在显示屏上安装一层透明、结实的材质，用于保护显示屏，显示屏里的信息可以通过信息与周围环境及店主进行互动，比如预订一些特价点心、需要加一些黄糖的咖啡等，或查阅一些新闻等。电子食物托盘可集约化设计，便于存放。需特别注意的是减震垫的设计。

图 2-1-11　“Media”托盘的设计（续）

设计的任务是使产品服务于人们的生活。人们的生活在变化，餐饮这一重要的生活状态也在不断变化，而为了满足人们改变生活、提高生活品质的需求，为餐饮而进行的设计就要不断地创新，突出情感在设计中的地位和作用，为人们创造全新的餐饮体验过程，并提供新的餐饮生活方式，进而使其在当今时代获得全新的定义。

第二节　箱包、运动鞋产品设计表现

时尚搭配、鞋包物语、名流饰品、欧美风尚等彰显着人物的青春、霸气、靓丽、内涵、气质等，每一种流行风暴都是人们生活追求的体现。随着人们的生活水平以及消费水平的提高，丰富多彩的箱包已经成为人们身边不可缺少的物品。大多数消费者希望箱包不仅可以装东西，而且能够时尚一些，以让自己所拥有的箱包能够具有更多的用途，更加具有价值。

很多时候，不同的箱包设计能够凸显出不同的感觉，因此选择不同的箱包设计的人，他们心中所要表达的东西也是不一样的。箱包设计已逐渐成为一种潮流。

1. 箱包

（1）造型

设计的目的是对箱包的造型做出形状、线条、结构、比例等的变化，同时体现出一种设计思想。

在设计过程中，可通过对箱包的局部或配件进行设计重组，构成新的设计方案；也可以对其造型通过形式美法则中对比、渐变、分割、对称等的运用，突出造型视觉美感；或者在色彩、图案、材质、表面处理等的设计中融入设计风格等。箱包造型设计如图 2-2-1 所示。

图 2-2-1　箱包造型设计

将人们记忆中的一些服饰、装饰的样式和图案运用到箱包的设计中，能体现出一种古典韵味。如图 2-2-2 所示。

图 2-2-2　复古设计

通过感受大自然中的动物、植物的优美形态，运用概括和典型化的手法对这些形态进行升华和艺术性加工，进行仿生设计，如图 2-2-3 所示。

图 2-2-3　仿生设计

对箱包某些设计要素通过发散思维进行系列变形，拓展设计要素的表现形式，从而产生同一主题的多种设计款式，如色彩系列、风格系列、造型系列等。如图2-2-4所示。

图 2-2-4　系列设计

（2）功能结构

通过体验产品—人—环境的关系并发现问题，将箱包的功能及结构完善，也是设计时可以考虑的方面。

例如，在绝大多数情况下，行李箱的损坏总是从滑轮开始，而这基本宣告其报废了。Heys推出了一款可将四个滑轮收放起来的行李箱，只要按动红色按钮，稍加转动即可将滑轮放入安全位置，如此保护可大大延长行李箱的使用寿命。如图2-2-5所示。

图 2-2-5　箱包结构的处理

图 2-2-5　箱包结构的处理（续）

常年出差在外，一个贴心好用的行李箱是必备的伙伴之一。Fugu可充气行李箱的内壁嵌有气囊，按下开关，内置气泵便会“竖”起四壁，将上盖抬高1英尺（约0.3米）左右，从而可充当小桌子使用；此外，您还可以利用其中一块侧壁的空间作为置物架，放置衣服或洗漱用品。如图2-2-6所示。

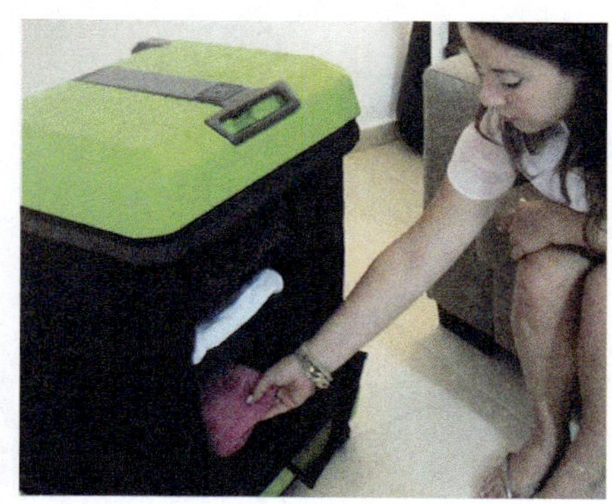

图 2-2-6　箱包功能的设计

Bluesmart公司推出的一种智能手提拉杆箱，内置自动称重传感器，只要在使用中把箱子提起来，就能通过安装在手机上的App软件知道手提箱的重量是多少，同时它能够告知是否超过机场的规定。箱子还内置充电宝，能够提供为手机充电五六次的电量；同时，由于内置了临近传感器，如果你距离箱子太远，传感器会自动提醒，以避免物品丢失，减少被盗概率；如果被盗或者丢失了也不要惊慌，箱子内置的远程控制解锁功能能够让你通过蓝牙锁定行李箱。如图 2-2-7 所示。

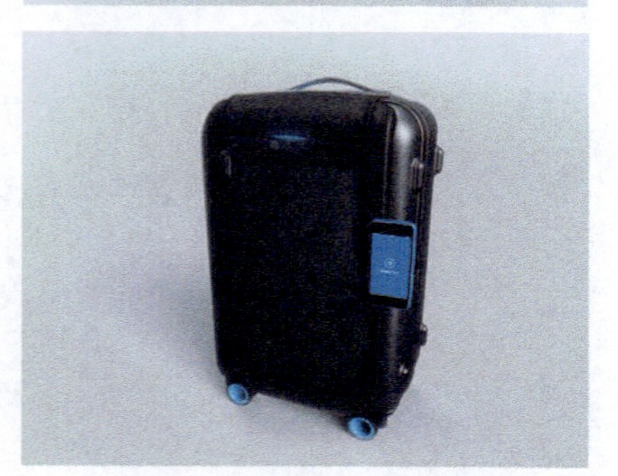

图 2-2-7　智能箱包的设计

2. 运动鞋

（1）功能设计

运动鞋是人们在休闲、健身或竞技体育比赛时所穿的鞋。除了具有保护作用外，它还能满足人们运动时的需求，提高效果，同时它也是一种时尚元素的设计表达。

运动鞋鞋底的设计中，要考虑到其能承载一个人的体重，在跑步等快速运动时甚至要能承受 2 ~ 4 倍体重的压力。不仅如此，还要求它具备耐磨性、避震性、弹性、防滑性、抗扭伤性、舒适透气性、软硬度适宜、重量轻和耐挠曲等功能。如图 2-2-8 所示。现就运动鞋的几个关于人机工程的主要性能对鞋底受力的影响进行分析，分析内容如表 2-2-1 所示。

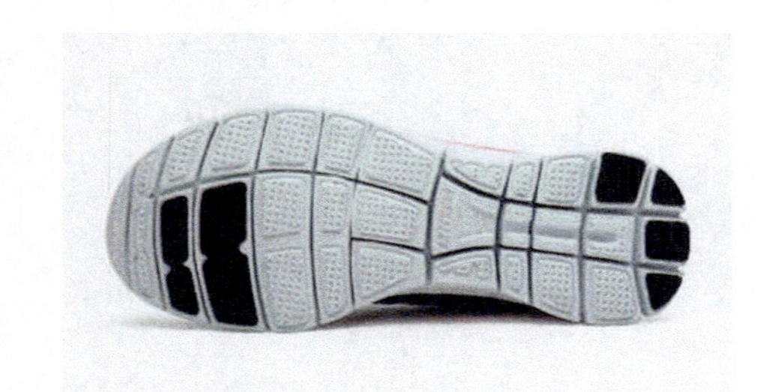

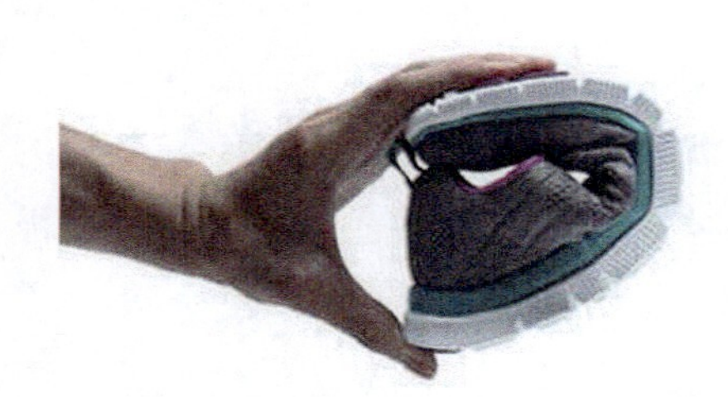

图 2-2-8　运动鞋的设计

表 2-2-1　　　　运动鞋鞋底主要性能分析表

<table>
<tr><td>耐折性</td><td colspan="2">按 GB/T3903.1 —1994 的国家标准，在鞋底跖趾关节处割口 5mm 长，以每秒约 4 次的折挠频率进行测试。鞋底设计生产时，应考虑鞋底弯折沟的厚度和底材的韧性。一般弯折沟的设计以圆弧形为主，可避免应力集中，起分散弯折力和延伸力的作用，同时，在弯折沟背面应以加强筋的方式加厚至 2.0mm 以上</td></tr>
<tr><td rowspan="3">耐磨性</td><td>周边磨耗</td><td>通常，鞋底周边（前掌、中腰、后跟）边缘向内 10 ~ 15mm 是受磨最多的部位，但其受磨程度小于鞋头和后跟。其原因是大拇趾、小拇趾和脚跟三点是主要的受力部位</td></tr>
<tr><td>鞋头磨耗</td><td>鞋头受磨程度小于后跟，鞋头外侧受磨程度小于鞋头内侧。其原因是，走路或跑步时，都是后跟先着地，脚提离地面时，大拇趾最后提起且向前推进并产生摩擦力</td></tr>
<tr><td>后跟磨耗</td><td>后跟是受磨耗的主要部位，据统计，80% 以上的人的脚是以脚后跟外侧先着地，又因脚在起步、落地时均是朝向内心偏移，所以其外侧受磨程度大于内侧</td></tr>
<tr><td>止滑性</td><td colspan="2">运动时常有急停、急转动作，此时要求运动鞋具有较高的止滑性，然而，在鞋底其他方面条件不变的条件下，耐磨耗性和止滑性却是成反比的，耐磨耗性越好，就意味着止滑性下降；止滑越佳，则其耐磨性就差。所以应通过大量的测试对比，找到耐磨耗性和止滑性最佳的结合点，来进行设计生产。当然，还要从运动鞋的功能上去考虑鞋底纹路的设计，从而确定耐磨耗性和止滑性之间最佳的平衡点</td></tr>
<tr><td>透气性</td><td colspan="2">透气性要求不仅限于鞋面，鞋底也要求有透气性。因为在正常穿用运动鞋时，人足部皮肤的温度可达到 34℃ ~ 35℃；而在激烈运动时，其温度将达到 43℃ ~ 49℃；此外，大底纹路设计越粗糙、复杂，其与地面的摩擦力就越大，热度也越高。因此，鞋底透气性的设计是非常必要的，但同时要考虑到其防水性</td></tr>
<tr><td>支撑力</td><td colspan="2">支撑力是一个比较复杂的问题，具体说就是通过运动鞋紧缩厚实的设计，来保证脚对人体强有力的支撑。这种紧缩的设计，可以克服脚向四周分散力量，从而保证向上的支撑力。一般采用硬支撑片从鞋腰延伸至后跟，插入中底或在大底与中底之间，对人脚起平稳支撑、固定的作用，也可防止运动中的扭伤</td></tr>
<tr><td>避震性</td><td colspan="2">人在负重的状态下徒步行走，每千米需走 600 ~ 700 步。这就意味着每步行一千米，一只脚要承受 600 ~ 700 次的重力冲击，若是激烈运动，则其冲击力就更大。有人做过统计，一个人在跑步时，脚触地的瞬间，受到地面的冲击力将达到人体重量的 2 ~ 4 倍。如果鞋没有良好的减震系统来缓解这种冲击，一定会使双脚感到疲惫不堪，还会对大脑造成冲击。一般情况下，采用具有一定弹性的中底（如 EVA、PU）或在大底后跟嵌入具有弹性的垫片（如 EVA、PU），可以减少冲击力。同时，可以达到能量回输的效果（能量回输是指鞋底在冲击到地面之后，借由受压变形的弹性体将动能吸收，稍后，在它离地之前，因弹性体形状的回复而将能量还给穿着者，使穿着者跑得更快、跳得更高）</td></tr>
</table>

续表

抗扭伤性	人的脚由 26 块骨骼组成。人的行走过程是一个很复杂且科学的骨骼和肌肉协调运动的过程，脚从触地到抬离地面，受到一个向上的冲力和向前的摩擦力，在脚触地的瞬间，受到一个很大的冲力，在抬离地面前，需要对地面施加一定作用力以得到向前的摩擦力。在这一过程中，分析人脚的运动过程是这样的：80% 以上的人的脚是以脚后跟外侧先着地，此时脚后跟轴线略向外偏斜，着地时脚受到一个很大的冲力，它自然地向内翻转，以分散地面冲击造成的对脚关节的伤害，最后脚后跟轴线从向外偏斜位置转到垂直地面位置；在抬离地面前，各相关肌肉群及关节收缩紧张，以提供对地面的作用力，此时脚后跟轴线由垂直地面位置又转到外斜位置，以提供作用力。在这一过程中，通常会出现两种情况：过度翻转和翻转不够。如果脚落地后向内翻转时，脚后跟轴线过了垂直面向内斜，那么在脚离地时，它来不及调整到外斜位置，使肌肉骨骼未能做好充分准备，易造成运动扭伤。为了克服脚弓下塌的扁平足易出现运动扭伤的问题，鞋底一般设计成双密度的弹性体，在鞋底后跟内侧位置，设计一相对密度高的材料，以抵抗人脚过度翻转而造成的扭伤。另一种情况是常发生在高脚弓的人身上的翻转不够的现象。由于高脚弓人的脚关节一般比较僵硬，在脚落地时，往往不能完全翻转到垂直位置，不足以化解地面对脚及各关节的冲击，而易造成扭伤。有此类脚形的人，往往在其整个鞋外侧磨损比较厉害，后跟避震好和符合脚型的鞋楦是其最佳的选择。当然，也可从鞋垫的设计上，来增强抗扭力和减轻疲劳感

（2）外观设计

运动鞋的外观设计除了迎合其功能特点的发挥外，更起到视觉表达效果的作用，这种作用直接影响到消费者的选择。运动鞋的外观如图 2-2-9 所示。

图 2-2-9 运动鞋的外观

色彩的运用可以突显视觉效果，美化产品。运动鞋设计中颜色的搭配不仅能体现设计风格、流行趋势，还能使运动的观瞻性、娱乐性大大提高，同时体现运动本身活泼、动感和明快的特色。色彩在运动鞋帮面材料的运用上有丰富和多元化的特点，运动鞋的帮面色彩可以达到 3 ~ 5 种。色彩的亮度、纯度运用灵活。装饰色彩不仅包括常见的色彩，金属色、激光镭射、闪光等在运动鞋中运用频繁，特别醒目，使运动鞋充满活力和生机。同时，运动鞋受到服装流行色的影响很大。作为运动鞋设计师与生产者，要特别关注服装面料色彩的流行变化趋势。运动鞋的色彩设计如图 2-2-10 所示。

图 2-2-10 运动鞋的色彩设计

运动鞋的线条设计尤为重要，其形式多样，有单线、双线、假线、明线、虚线、轮廓线、棱线、接缝线、装饰线等，可同时运用在一双鞋上，不拘泥于一种。运动鞋线条多以流线为主，直线比例较少。如图 2-2-11 所示。

图 2-2-11 运动鞋的线条设计

图案、文字、标识、金属和塑料部件等都可作为装饰材料，其装饰部位比较自由，装饰效果较醒目，且这类装饰多以动感、时尚、色彩鲜艳为特征，装饰部件近年来朝着美观与功能相结合的方向发展。

运动鞋的设计在鞋底结构方面分为大底、中底、内底三个部分。中底可以由多个部件组成，且随着运动功能要求的不同，中底结构变化较大；有特殊功能要求的鞋底除上述三个部分外，还有功能部件，如气囊、导气、导汗装置，国外还为夜间运动鞋设计了发光、发声装置，为记录运动鞋的运动状况设计了微型计算机、传感器等。运动鞋多为耳式(系带)，鞋舌变化多样。鞋带、鞋舌在运动鞋中具有重要意义和特殊的保护作用，追求鞋舌与鞋带的设计多样化也是其他鞋类无法比拟的。

在运动鞋设计过程中，可从手绘开始，多进行方案比较分析，把握色彩、线条、形态、材料、工艺、时尚元素等要素，从整体到细节进行系统研究、绘制。运动鞋的手绘作品如图 2-2-12 所示。

图 2-2-12 运动鞋手绘作品

第三节 日用品产品设计表现

当今，人们不仅仅满足于对物质价值的需求，生活已经上升为一种新的价值定义，下面对为满足人们热爱生活、享受生活而服务的产品设计语言及方法进行探讨。

生活当中的日用小产品为我们的生活增添了色彩。家居小产品灵巧的设计理念体现着设计为使用者服务的宗旨，订书器、CD 架、收纳盒、杯子、托架等小发明、小创意，一一表达出设计品位，呈现出当今时代生活档次的气息。设计的任务是使产品服务于人们的生活。设计来源于生活，并最终回归到生活之中，以达到满足人们生活需求，提高人们生活品质的目的。产品作为人们生活的重要组成部分，直接影响着人们的生活方式和质量。设计师应该将产品设计作为人们情感交流的一种依托，服务人们，关爱人们，贴切倾情，努力提高设计的品质，营造良好的社会环境，让人们的情感能在设计的背后得到更多的关爱与呵护。

人是社会的主体，人的因素也是社会构成中最为复杂的元素。作为生命体的人反映着种种生理和心理因素，如肌能、运动、新陈代谢、认知等；作为哲学的人反映着种种思想因素，如思维观、审美观、辩证观、宗教观、民俗观、文化观、价值观、伦理观等。在设计和制造时都必须把“人的因素”作为一个重要的条件来考虑。依据人的因素开发产品，是现代设计的根本原则。人的因素始终体现着社会发展的进程。现代社会中人们在尽享高科技产品无限乐趣的同时，对原始的生活情调更具有浓烈的兴趣；在信息时代高度紧张的工作压力下，更希望适时地躲避在与世隔绝的自我空间中体味人间真情；在工业化产品充斥整个生活、工作环境的同时，更加渴望拥有与自我生命体友好交流的特殊物品；在拥有最先进的通信、交通工具的同时，不免对其提出种种特殊感受的个人要求；等等。社会物质无论多么丰富，多么先进，人的能动性都会在其活动中产生出种种游离于社会物质构成的因素，从中真实地反映出人的因素的复杂特性，由此也反映出人的需求始终应变于时代，对产品提出种种苛求。产品设计走向反映为人类的超前意识，其基础完全派生于人的因素。只有从一点一滴的人类因素上采集社会发展的真实反映，才能激起超前思考意识。及时地、紧紧地、不断地抓住产品设计的走向，就是从最常见的人的因素上着眼，把反馈、采集到的各种信息回馈到产品设计中思辨，透过人的因素操控产品发展的核心内容。

把杂七杂八的纸片碎屑收到簸箕里，再往垃圾桶里倒的时候，若是手抖不小心又把一些垃圾漏到桶外，那还真是挺烦人的。所以，设计师在簸箕后面开了个口，这样就制造了一个“大口进小口出”的聪明机关，让垃圾转移也变得简单多了。其实生活中处处有窍门，略微开发就能让工作变得有趣、高效。如图 2-3-1 所示。

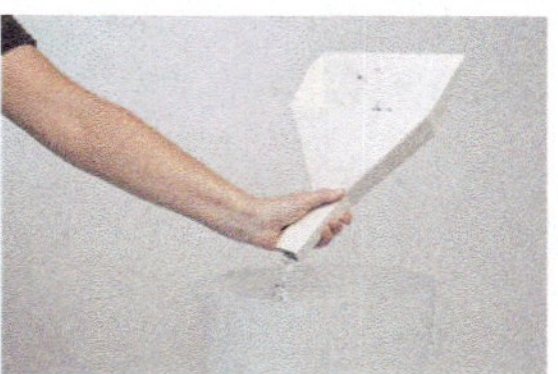

图 2-3-1　簸箕设计

这款背肩式雨伞如同我们的卫衣连衫帽一样使用方便，下雨时翻折打开，便如同一个小天篷为您遮风挡雨，方便您腾出双手做其他事情。此外，轻便且结实的雨伞骨拥有强有力的结构力度，不会轻易被大风吹翻，特别设计的伞面也具有一定的透气作用，不会因兜风而把人吹跑。有了它，雨天骑车、出门购物还会有所忌惮吗？如图 2-3-2 所示。

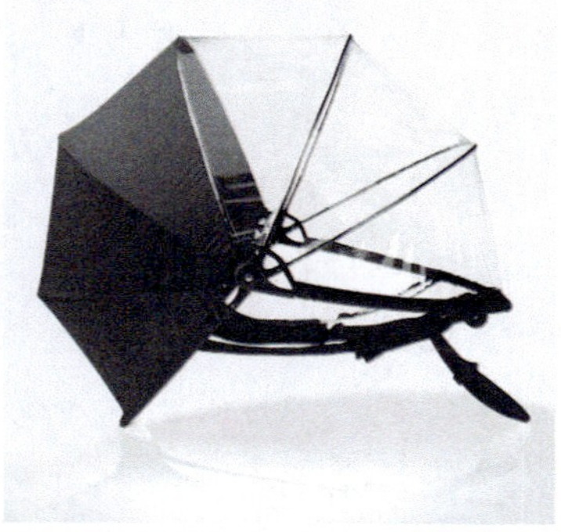

图 2-3-2　背肩式雨伞

日用品是生活中不可缺少的产品，设计师通过巧妙的设计，情感的流露，发挥产品的最大功效，从精神功能到物质功能处处表达出产品的品质。

瑞士军刀虽然功能齐全，但所有工具展开后的样子并不那么漂亮。充满创意的设计师把折叠组合刀工具套装换成了极具趣味性的动物图案，有犀牛、麋鹿和长颈鹿等，而且能摆放出 80 余种不同的图形组合，真是集功能性和娱乐性于一身。如图 2-3-3 所示。

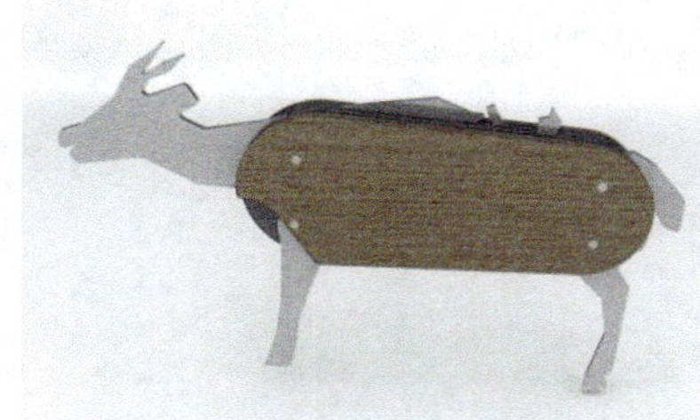

图 2-3-3　折叠组合刀

煮饭时为了防止米汤溢出锅沿，一般都会将锅盖留缝。充满创意的设计师则用他诙谐的创造语言为我们设计了这款煮饭辅助小工具——“挂掉的小人”，一个正好可以将锅盖支起来的 U 形身躯的塑胶小人。这些小人动作幽默可爱，肯定可以给厨房增添不少乐趣。如图 2-3-4 所示。

图 2-3-4　厨房中的趣味小产品

不要小看这个“平板”果盘，它的胃口可不小呢！其中的关键就在于那片极富弹性的织物盘，它能够一次盛放 *N* 多水果！此外，果盘的折叠十字支架也非常易于携带。如图 2-3-5 所示。

图 2-3-5　果盘

与众不同的纸船造型、晶莹剔透的制作材料以及五彩缤纷的亮丽颜色让这一系列蜡烛看起来格外引人注目。它们每只重 50 克，可燃烧大约 2 个小时，共有 6 种不同的颜色可供选择，一旦点燃放入水中便可营造出浪漫、唯美的氛围。如图 2-3-6 所示。

图 2-3-6 蜡烛

这款Q形直尺仅用一只手即可轻松操作。它带有一个可爱的屏幕，只要拖着它沿着需要测量的路径移动，相应的尺寸就会显示在屏幕之上，非常方便。如图2–3–7所示。

图 2-3-7 尺子

德国设计工作室 Flow Design 推出的这款磁性无钩衣架十分实用，它以强磁铁代替了容易勾住衣服的衣钩，因此可以轻易“悬挂”在任何铁质横栏上，而且来回移动时根本不会碰掉衣服。如图2–3–8所示。

图 2-3-8 衣架

这款水杯自带雾气、水柱、水枪3种喷射功能，只需为其加压即可。当然，在需要用水来清洗果实、餐具时也会十分高效。如图2–3–9所示。

图 2-3-9 水杯

一把最普通的扫帚一般包含3部分：挂口、支杆、扫帚毛发。这款环形把手扫帚对后两者进行了优化，将其合二为一，可以轻松地悬挂、移动以及使用，美观大方，当做室内摆设也很不错哦。如图 2–3–10 所示。

图 2-3-10　扫帚

小小的酒瓶塞也需要设计，它会变身成有趣的装饰品。这些可爱的动物形象是由两家以色列的设计事务所合作设计的，憨厚的北极熊、健壮的水牛、乖巧的白兔、发呆的乌鸦、萌系的麋鹿和调皮的猴子。设计师们以酒瓶塞为基础，为每个动物专门设计了极具自身特征的部位，如四肢、翅膀还有耳朵等，形象逗趣。此外，还可以将众多部件重新组合，创造出更多诡异诙谐、稀奇古怪的动物形象，为您的生活增添些许欢乐。如图 2–3–11 所示。

图 2-3-11　酒瓶塞

图 2-3-11　酒瓶塞（续）

独自一人撑伞散步或许有些孤独与悲伤，这款小猫掌雨伞垫在你用雨伞撑地时印出一个个漂亮的脚印，再忧伤的雨季也能带给您温暖的呵护。如图 2–3–12 所示。

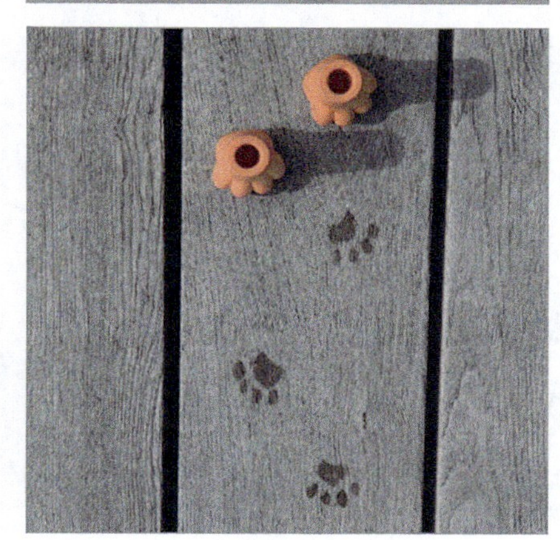

图 2-3-12　雨伞垫

这套使用羊毛毡手工缝制的水果切片书签真是让人爱不释手，不仅颜色鲜艳迷人，就连水果籽都清晰可见，摸一摸还有凹凸感！如图 2-3-13 所示。

图 2-3-13　书签

食品袋打开后，你会采用何种方式来封住未吃完的美食呢？ Peleg 设计的这款搭扣封口夹让你的零食袋变身为一款款时尚钱包，大、中、小零食袋都适用，以保持食材的长久干燥新鲜。如图 2-3-14 所示。

图 2-3-14　搭扣封口夹

图 2-3-14　搭扣封口夹（续）

设计的任务是解决生活问题，改变生活方式，使生活更便捷、愉快、美好。设计师应多体验生活，感悟生活，洞察生活，从而将设计思维、设计理念通过产品载体表达出来。

第四节　家具产品设计表现

1. 家具是生活方式的缩影

家具设计既是一门艺术，又是一门应用科学，它主要包括造型设计、结构设计及工艺设计 3 个方面。一件精美的家具不仅要实用、舒适、耐用，它还必须是历史与文化的传承与发扬者，是一种生活格调的体现。家具设计的整个过程包括收集资料、构思、绘制草图、评价、试样、再评价、绘制生产图。

家具设计是用图形（或模型）和文字说明等方法，表达家具的造型、功能、尺度与尺寸、色彩、材料和结构。作为家中的大件摆设，家具可以说是一个房间的灵魂，家具的选择很大程度上决定了房间的装修风格，家具不同带给人不同的生活氛围。因此，在装修中，与其说是选择家具，不如说选择的是家具带给我们的一种自己所向往的生活方式。

伴随着人们生活水平的提高，单纯的功能性空间已满足不了人们的精神追求，人们往往用“家居配饰”“软装饰”等词汇来描述家居空间所要营造出气氛的重要性，其实更为精确的一词应该叫家居陈设。家居陈设是指在某个空间内将摆设、家居配饰、家居软装饰等元素通过完美设计手法，将所要表达的空间意境呈现在整个空间内，使得整个空间满足人们的物质追求和精神追求。家具设计是指在生活、工作或社会实践中供人们坐、卧或支撑与储存物品的一类器具与设备的设计。家具不仅是一种简单的功能物质产品，而且是一种普及的大众艺术，它既要满足某些特定的用途，又要带有一定的艺术美观性，从家具和人之间的关系分类，家具可以分为以下几点。

家具在门类上分为人体系、半人体系、建筑物三类。

（1）人体系家具

人体系家具是直接和人身体接触并以服务人体为目的的家具，包括椅子、沙发、床等直接与身体接触，支撑身体的家具。例如，凳子、椅子、转椅、小凳子、床、沙发、连椅、安乐椅、躺椅、扶手椅。我们可以将其拓展为“为休息而设计”。人体系家具示例如图 2-4-1 所示。

图 2-4-1　人体系家具举例

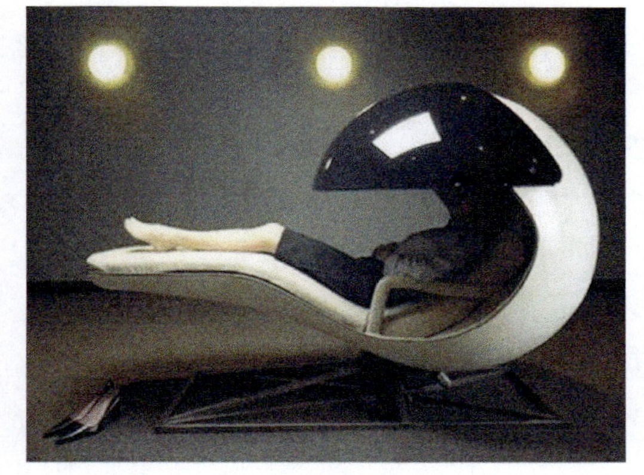

图 2-4-1　人体系家具举例（续）

在寒冷的冬天，温暖的被窝总是特别有吸引力。一位法国设计师突发奇想，给椅子披上了一层棉被：这款带有拉链的棉质桌椅套能方便地套在椅子上，让椅子立刻变成一个理想的御寒小窝。在冬日里，您就可以在温暖而舒适的座椅上看书或者看电视啦。睡袋椅子如图 2-4-2 所示。

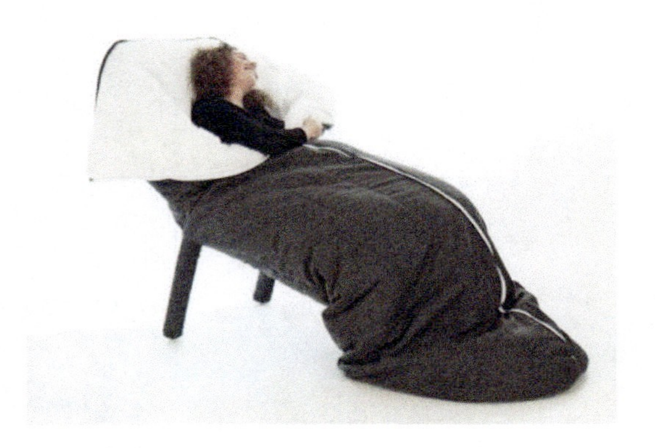

图 2-4-2　椅子设计

（2）半人体系家具

半人体系家具是间接和人体接触的，以实现用户工作或活动为目的的家具，也称“桌、台系家具”，即像桌子、服务台等那种既放置物品又在上面工作的家具。例如，餐桌、会议桌、接待桌、折迭桌、服务台、化妆台、电视台、厨房台。半人体系家具示例如图 2-4-3 所示。

图 2-4-3　半人体系家具举例

图 2-4-3　半人体系家具举例（续）

（3）建筑物家具

建筑物家具是指不和人体接触，用来陈设、摆放物品的家具，像柜架那种可以储藏物品和隔断房间类的家具，也称储藏类家具。例如，柜、橱、书架、箱、鞋柜、床头柜、碗柜、组合家具、壁橱、厨房系列等。建筑物家具示例如图 2-4-4 所示。

图 2-4-4　建筑物家具举例

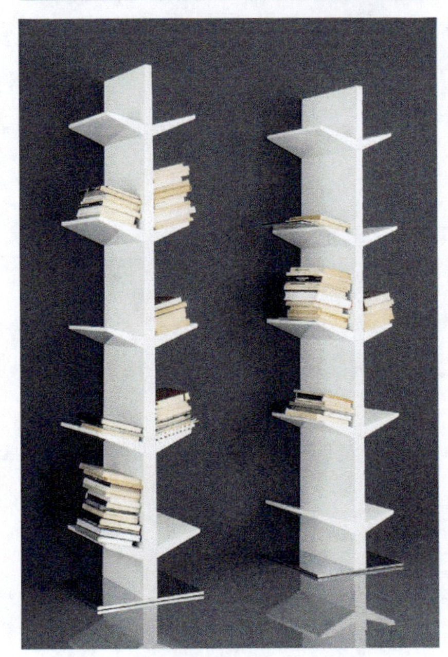

图 2-4-4　建筑物家具举例（续）

家具设计过程中要充分考虑人、环境、家具三者间的关系，在生活习惯中寻找答案。这套桌椅家具，在不用时可以依次套在一起，以最大限度地节省空间；使用时则可以根据不同的需求，当小椅子、小桌子、沙发边桌、脚凳等，可谓用途多种多样，实用性颇高。如图 2-4-5 所示。

图 2-4-5　用途多种多样的家具

图 2-4-5　用途多种多样的家具（续）

想要登高取物时，身边的椅子便是最好的“梯子”，可并不是所有的椅子都那么牢固可靠。这把高凳折梯专为家庭而设计，既可以作为休闲高脚凳，又可拿来用作梯子使用，优质的铝合金支撑腿与结实木板保证您的安全。如图 2-4-6 所示。

图 2-4-6　梯子 - 椅子

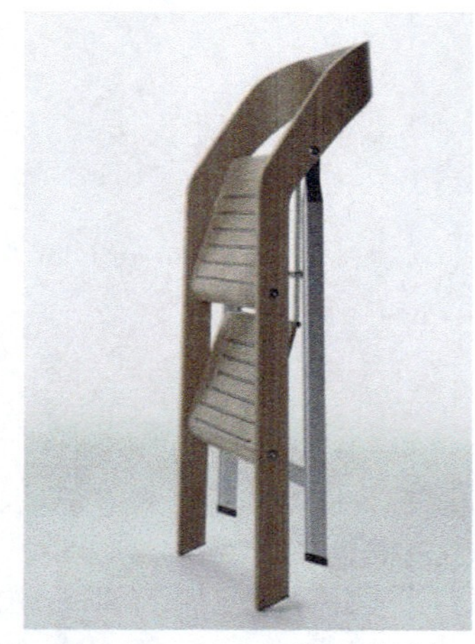

图 2-4-6　梯子 - 椅子（续）

在舒适且安静的图书馆、咖啡厅，人们都会放松地斜倚在座椅背上，或聊天或看小说来打发时间，不过，那里的椅子靠一会儿背部与臀部就会隐隐作痛！这款木质座椅的坐垫与靠背被两侧支架所“悬空”，当我们向后倾斜时，坐垫会相应向前移动，靠背会有一定角度的倾斜，即便躺下去也不会摔倒，十分舒服。如图 2-4-7 所示。

图 2-4-7　可变动的椅子

好不容易挑个午后阳光充沛的下午，想要在阳台上看会儿书写点儿东西，却又不堪猫咪或是狗狗打扰的爱宠主人们，这把椅子是个不错的标配休闲物件哟！拆开包装，放到阳台之后，您就可以悠闲地坐在躺椅上，而宠物们也能窝在椅子下面的温馨朝阳小窝里一起享受阳光，好好打个盹儿了。如图 2-4-8 所示。

图 2-4-8 宠物空间椅子

出自新加坡设计师之手的这一系列字母组合家具全部由字母模块组成，只需将不同单词的字母组装到一起便可以搭建出相应的产品——桌子、椅子及落地灯。这些家具都采用胶合板制成，不仅质量轻便，而且易于收纳，创意巧妙却简单实用。如图 2–4–9 所示。

图 2-4-9 字母椅子

长期伏案工作，一款适合的椅子不仅可以让工作状态变得更好，还能减轻长时间工作给身体带来的健康压力。这款造型简洁的普通工作椅在桌腿的设计上下了功夫，折角可以随着使用者的坐姿变化得到调整，并固定在舒适的角度，让人可以更加省力地调整伏案姿势。如图 2–4–10 所示。

图 2-4-10 工作椅

坐着也能踢足球！这款设计独特的球门凳在米兰设计周上非常抢眼，好多参观者都亲自体验了一次坐着射门的感觉。这样有趣的设计更让参观者感受到了意大利人对足球运动无处不在的狂爱与亢奋！如图 2–4–11 所示。

图 2-4-11 趣味功能椅子

2. 家具是一种艺术表现形式

生活的核心场所在家，时至今日，家具早已不仅仅是在生活、工作或社会实践中供人们坐、卧或支承与储存物品的器具与设备的总称了，其琳琅满目的品牌已然成为我们生活方式的倡导者。家具行业从品质诉求到生活方式倡导凸显了一种趋势，家具对消费者来说不仅仅是耐用消费品，也是一种艺术的、品位的生活方式，归根结底它是一种以家为核心的文化，更深层次地体现了一种对精神家园和诗意栖居的向往。

家具的艺术表现形式主要体现在造型设计上，是指运用一定的手段，对家具的形态、质感、色彩、装饰以及构图等方面进行综合处理，以构成完美的家具形象。各种造型的椅子分别如图 2-4-12、图 2-4-13 和图 2-4-14 所示。

图 2-4-12　糖果座椅

图 2-4-13　曲线线条的座椅

图 2-4-14　融化的椅子

如图 2-4-15 所示，这款鲜花椅子很适合摆放在女士们的梳妆台前。给女友送一个，让鲜花伴随她开始新的每一天吧！

图 2-4-15　鲜花座椅

看看这把图 2-4-16 所示的真实的椅子，只有两条腿却可以稳稳地站住，你能猜出为什么吗？

图 2-4-16　“视觉效果”座椅

好看、好玩儿又好用——来自波兰的设计工作室最近推出了一款造型独特的“大嘴巴椅子”，它采用了夸张的舌头形坐垫，搭配着简洁的圆环形扶手，不仅时尚、另类，而且实用、舒适，非常适合彰显主人大胆的性格。如图 2-4-17 所示。

图 2-4-17　大嘴巴椅子

3. 家具是一种文化形态

家具是一种生活方式，也是一种行为模式，是一种文化载体和文化现象。在家具设计方面，不仅要满足外在美，更需要注重的是舒适、安全。在如今的潮流世界里，必须时刻跟随着世界的主流，经过设计创造中的不断积累、不断探索，最终才能形成适合人们生活的家具。家具设计中，每个细节都可以是设计创作的核心，坚持以人为本，坚持结合时代的潮流思想，结合大众的需求，才能缔造出更经典、更卓越的成就。

中华民族博大精深的文化同样体现在家具作品中，中式家具多以木材为原料，结合了中国传统文化与哲学思想，更蕴含着文人故事。著名的国画大师齐白石先生少年时就曾做过木匠，亲身制作家具。优美典雅的中式家具吸引了不少注重生活品质的消费者。

现代中式家具以红木家具为代表，在设计上继承了唐代、明清时期家具理念的精华，同时改变了原有空间布局中等级、尊卑等封建思想，在强调主人文化品位和自身修养的同时，注重了生活的舒适性，如图 2-4-18 所示。

图 2-4-18　中国传统家具

（1）巴洛克风格

所谓巴洛克（Baroque），原意指不规则的、怪异的珍珠。巴洛克家具在结构上大多采用建筑形式，在装饰上多采用浮雕。巴洛克家具的最大特色是将富于表现力的装饰细部相对集中，简化不必要的部分而强调整体结构，且利用多变的曲面，采用花样繁多的装饰，做大面积的雕刻、金箔贴面、描金涂漆处理。繁复的空间组合与浓重的布局色调，很好地把高贵的造型与精致的雕刻融为一体。“巴洛克”座椅如图 2-4-19 所示。

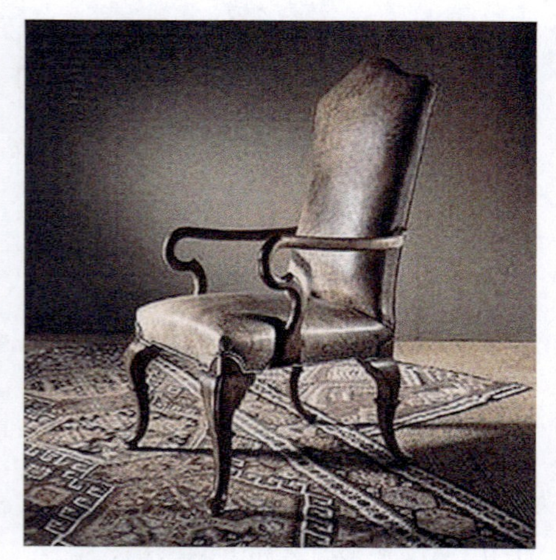

图 2-4-19 “巴洛克”座椅

（2）欧式古典风情

此风格继承了巴洛克风格豪华、动感、多变的视觉效果，也吸取了洛可可风格中唯美、律动的细节处理元素，受到高档消费人群的青睐。欧式古典风格因造价高昂、工期长、专业程度要求高等特点，更适合于别墅、大户型住宅。如图 2-4-20 所示。

图 2-4-20 “欧式古典风情”家具

（3）简约风格

以北欧最为代表，人们将其风格概括为极简主义、后现代等，家具产品形式设计上简洁时尚，尽量少装饰，尊重传统价值，偏爱天然材料，将功能和形式协调统一，给人一种朴实无华的感觉。“简约”家具如图 2-4-21 所示。

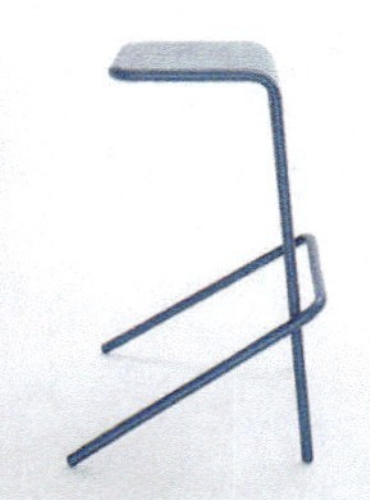

图 2-4-21 “简约”家具

第五节 电子产品设计表现

设计就是生产力，高科技市场的高新技术产品出现了小型化、自动化、智能化等特征，原本复杂的产品形态现在可以变得更加小巧而精致，高新技术产品给人们的生活带来了极大的方便。数字化、系统化、信息化、多功能、便携式、新能源，都成了产品设计的主流。

电子技术是19世纪末、20世纪初开始发展起来的新兴技术，在20世纪发展最为迅速，应用最广泛，成为近代科学技术发展的一个重要标志。科学技术的迅猛发展正不断改变着人们的生活，随着各种电子消费品在大众生活中的普及，生活变得智能化、人性化、简单化，设计师通过研究人的行为习惯、人体的生理结构、人的心理情况、人的思维方式等，设计的电子产品处处体现着人文的关怀。

功能创新设计主要对电子产品提供的功能进行创意构思，突出科技元素。

想要更加全面地掌握自己的身体状况，这款健康监测手环可以成为您的得力助手。它不仅可以监测、记录佩戴者的日常活动、健身活动、饮食情况、睡眠状态等，还可以通过分析监测数据为使用者提供更加合理的作息时间表、更为健康的饮食方案等，是集多功能于一身的“私人秘书”。为了方便使用者传输数据，这款手环同时装有3.5mm的插头，以方便与计算机、手机等设备连接。这款产品通过USB接口充电，每次充电能够使用7 ~ 10天，如图2-5-1所示。

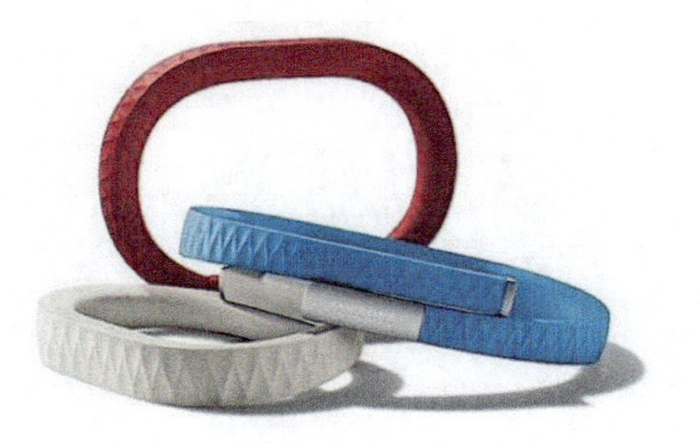

图2-5-1　电子手环

如图2-5-2所示，作为全球首款耳塞式MP3，这小巧物什有很多特别之处。首先，两颗耳塞有磁力相吸，掰开即为开启模式，自动播放音乐；其次，耳塞内置整合了MP3，可存放24首歌曲，并能通过专用软件设置歌曲模式；最后，也最炫的一点就是它通过牙齿咬动控制，轻咬一下是倒回，连咬两下是调节音量，另外，为了避免不经意的咬动触发，它还具有自锁功能，只需轻触右边耳塞顶端即可，是不是非常炫呢？！

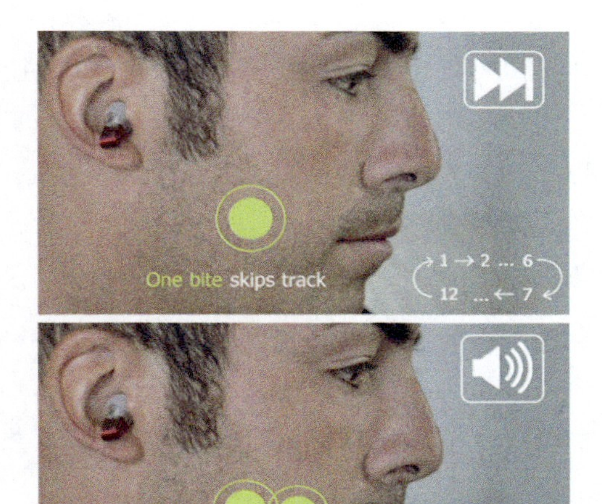

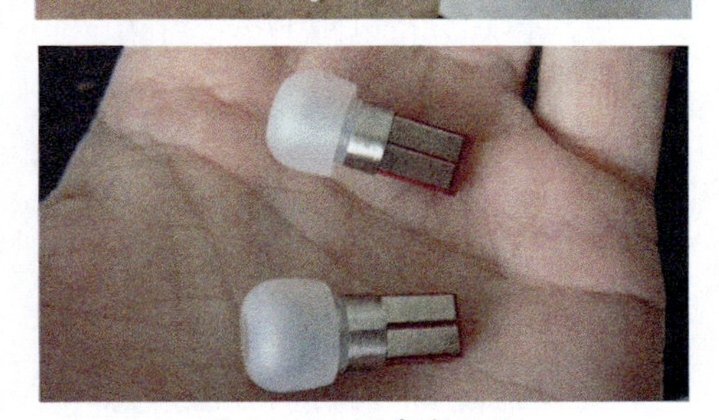

图2-5-2　耳塞式MP3

柔软的卷曲键盘并不新鲜，可硬塑料制作的卷曲键盘却很鲜见。LG Rolly便捷键盘便如此设计，既保证了小巧体积，又不会让你损失快速打字时的优秀手感。此外，它通过蓝牙与最多两个设备相连，卷起摊开即可自动连接，真是办公必备佳品。如图2-5-3所示。

图 2-5-3 键盘设计

在单一功能产品大量出现之后，不同电子产品的功能整合已成为发展潮流，以前功能相对独立的产品被整合在一起。以人们非常熟悉的手机为例，现在的许多手机已集合了 MP3 音乐播放器、数码相机、数码摄像机、收音机甚至电视机的功能，将诸多功能集于一身的手机，已不再仅仅是用来打电话和发短信的通信终端，它也给人们的娱乐和生活带来很大方便。三星推出的智能手机、智能手表，分别如图 2–5–4 和图 2–5–5 所示。

图 2-5-4 智能手机

图 2-5-5 智能手表

造型创新，主要是围绕电子产品的美学外观进行创意设计，需要研究先进的材料和加工工艺、美学造型流行趋势以及流行色、图形语义和形态构成语言。设计风格倾向极简、科技、流线。

飞利浦 RQ1180 剃须刀采用了流线型防滑机身设计，外观设计大气时尚，摒弃之前单一的黑色，采用炫红色的机体颜色，让你的生活更加炫彩，流畅的线条更加凸显时尚感，如图 2–5–6 所示。

图 2-5-6 剃须刀设计

现在为智能手机推出了很多款外接扬声器，不过 OYO 的新款 Ballo 扬声器可能是我们见过的最时尚的。它由瑞士设计师 Bernard Burkhard 所设计，该款扬声器可与大多数的智能手机兼容，另外它还有 10 种不同的颜色可供选择，如图 2–5–7 所示。

图 2-5-7 Ballo 扬声器

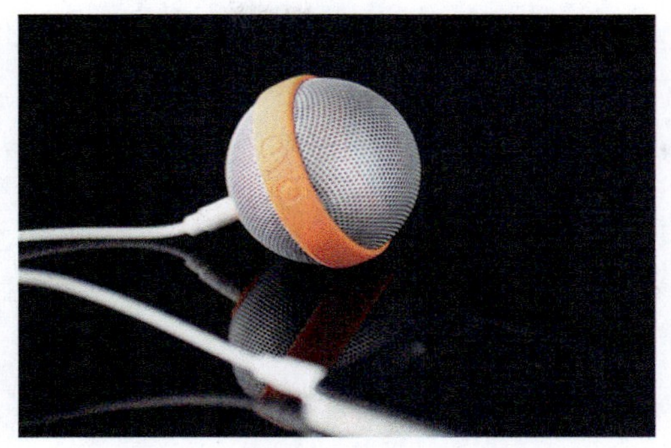

图 2-5-7　Ballo 扬声器（续）

体验创新主要是根据电子产品的使用特征进行创意开发，影响体验创新的因素有很多，包括硬件、软件、用户服务、市场营销等。

微软 Wedge 鼠标是一款便携式、具有触控功能的鼠标。它的体积比大多数鼠标要小，独特的设计使它操作起来非常舒适，如图 2–5–8 所示。

图 2-5-8　微软 Wedge 鼠标

徕卡的相机总以“德味”著称，不过近日一名瑞典设计师 Vincent Sall 受单镜片眼镜和色轮启发，设计了一款徕卡 X3 概念相机。该相机采用旋盖式设计，侧面翻转即可打开相机。内置取景器可显示拍摄参数，也可以连接手机、平板充当取景器，其他设备可以通过蓝牙获取实时拍摄画面。通过机身外部的 3 个按键和 1 个拨轮即可完成感光度、光圈和快门速度参数的设置工作。徕卡 X3 还支持无线充电，如图 2–5–9 所示。

图 2-5-9　徕卡 X3 相机

电子产品设计必须采用超前的感悟能力和卓尔不凡的设计手段，才能赶上设计潮流的发展，设计师需要细心观察研究、搜集资料、将产品的语义用我们独具特色的手段和能力传达给消费者，以使设计的最终价值得以体现。

第六节　家用电器产品设计表现

家用电器主要指在家庭及类似场所中使用的各种电气和电子器具，又称民用电器、日用电器。家用电器使人们从繁重、琐碎、费时的家务劳动中解放出来，为人类创造了更为舒适优美、更有利于身心健康的生活和工作环境，提供了丰富多彩的文化娱乐条件，已成为现代家庭生活的必需品。

随着经济的飞速发展，人们的生活水平提高，对家电的要求已不仅仅局限于其实用功能，而有了更高层次的精神追求。拥有独特外观设计的家电产品才能满足人们逐渐增长的个性化需求。从产品的功能、结构、材料等方面对产品进行结构分析，结合艺术家电理论，将设计思想融入产品的外观设计中，才能满足人们的使用环境和对家电产品的审美需求。

全球首款太阳能迷你冰箱，使用表面附着的光伏电池供电，箱体可容纳6罐啤酒或疫苗等需要冷藏的医疗用品等。专门设计的电路和冰箱压缩机能有效地利用太阳能源保持低温和冰箱的安全稳定。利用旅途中最不缺少的阳光来制冷，着实是一项自用小冰箱的革新设计呢！如图2-6-1所示。

图2-6-1　迷你冰箱

为了防止冷气外泄，冰箱门的密封性越来越好，可在开门时却要费很多力气，尤其是双手都被占满而无从下手之时。这款概念冰箱则另辟蹊径，让双手不方便的人用脚来开门：冰箱门下方有特殊的感应区域，通过判断脚的移动进而消除冰箱门的磁力密封，此时，轻轻一勾门便打开啦，是否方便多了呢？该款冰箱如图2-6-2所示。

图2-6-2　冰箱设计

LG公司针对疟疾流行的非洲市场推出了一款新型驱蚊空调，如图2-6-3所示。这款空调利用超声波技术驱赶蚊子，从而降低疟疾的传染率。据称，在测试中空调的驱蚊成功率为64%。此外，空调还内置电压转换器，专门应对非洲国家电压不稳等有损空调部件的情况。

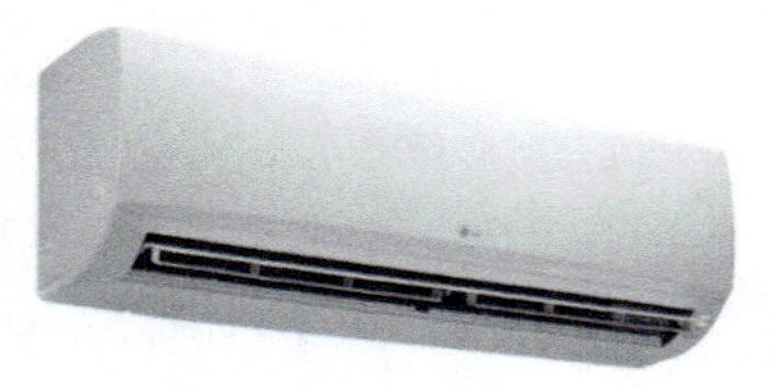

图2-6-3　空调

飞利浦近期推出了这款未来感十足的超薄电视，如图2-6-4所示。这款超薄电视的主体就是一块比家里镜子稍厚一些的大“玻璃板”显示器。这块大“玻璃板”的显示部分为黑色，往下颜色渐浅，直至透明。您可以将其斜倚在墙上，或是紧贴墙壁放置，抑或将其悬挂起来。在播放节目的时候，电视画面的背光还会“溢出”，投射在周围的墙壁上，十分漂亮。

图2-6-4　超薄电视

图 2-6-4　超薄电视（续）

普通三片式风扇对于一个小屋子来说有些大材小用，而且会让竖直空间显得很拥挤。图 2-6-5 所示的这个精致小巧的风扇则是小家居理想必备用品之一，静音、高效、通风效果好且使得家居风格独具品味，还可替代吊灯使用，让整间屋子瞬间充满格调。

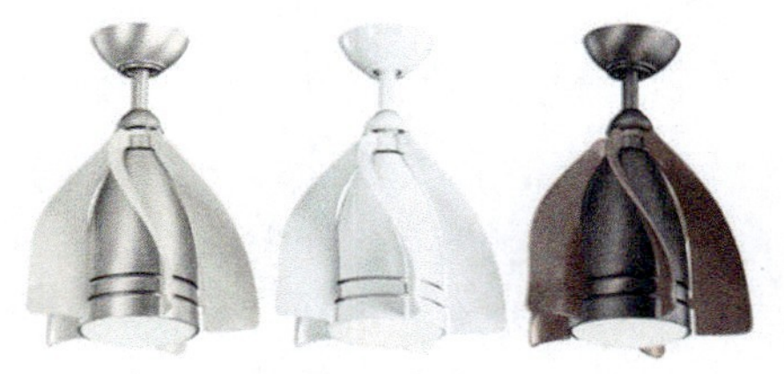

图 2-6-5　风扇设计

Desktop LED Clock Fan 是一款带有 LED 钟表的风扇。接通电源后，在给您带来凉爽小风的同时，它内部的 LED 钟表也会显示出来，又实用又漂亮，如图 2-6-6 所示。

图 2-6-6　钟表风扇

图 2-6-6　钟表风扇（续）

英国高端吸尘器品牌 Vax 近日推出了一款圆柱体家用吸尘器——AirRevolver，如图 2-6-7 所示。它的最大卖点在于不管你怎么放置，都能正常工作，而且拖着滚动时没有正反面，随心所欲。

图 2-6-7　AirRevolver 吸尘器设计

即便是体积稍微小巧的吸尘器，在不工作时也要占据一定的室内空间。Mitsubishi 出品的这台棍式吸尘器拥有多功能底座，如图 2-6-8 所示。当你清理完地面灰尘后，将其归回原位，就能启动空气净化的功能，仅需 2 小时左右就能将一个普通大小房间的空气全部过滤一遍。低调而整齐的外观设计，不论放在家里的哪个角落都丝毫不显突兀哦！

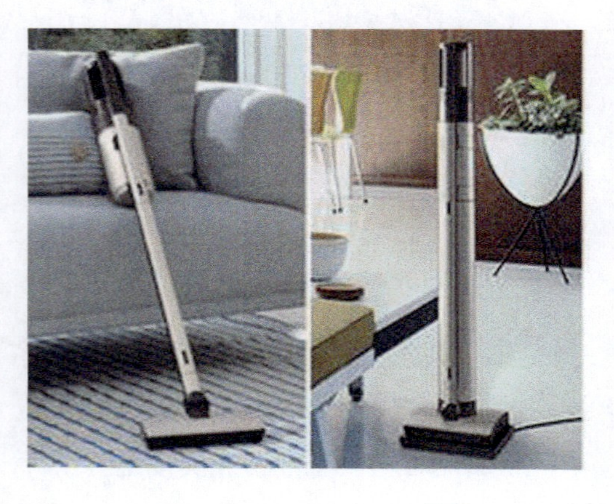

图 2-6-8 棍式吸尘器

第七节 旅游纪念品产品设计表现

当前旅游业是世界上发展最快的新兴产业之一，被誉为“朝阳产业”。旅游文化纪念品是其中重要环节之一。通过研究人民群众日益增长的多样化消费需求及文化旅游特征，运用产品创意设计理念和方法，顺应当前的现代化科技时代人们的需求，将传统及现代结合并开发，研究购物商品的新表现形式，提出适合市场的设计方向，带动产业升级。这使得游客的旅游体验更为独特新颖，更大地提高了文化价值和社会经济效益，促进了整个产业结构的合理化、高度化和现代化。

我们应深刻认识旅游产业的丰富内涵，准确把握旅游产业新定位。其中，旅游纪念品构成旅游制造业的重要环节。根据时代的发展和人们的需求变化，旅游购物制造业需要创新，需要新技术、新原料、新思维、新方法、新战略。旅游购物品的制造，要突出文化内涵、地域特色和功能作用，提升产品附加值，成为形象的传播载体。这是当前旅游制造业应扶持的重点。鼓励创意设计，关注旅游制造业发展，用创意产业带动经济与创新，是旅游制造业的发展方向。

旅游业是一个由“吃、住、行、游、娱、购”等多种要素组成的综合性产业，其中旅游购物不仅是旅游者消费支出中的重要组成部分，也是旅游目的地国家或地区旅游创汇和旅游收入的重要来源。目前，旅游文化纪念品同质化严重，设计概念缺乏新意，简单重复传统设计理念，失去了时代元素的特征。我们有必要提出全新的设计概念，即对现有的旅游购物品通过再设计来提高其地方特色。研发关键技术，加快科技成果转化，创造更多的自主知识产权品牌。目前旅游购物品市场还存在许多问题，如商品缺乏特色和新意、雷同、品质低、缺乏品牌、获利空间小、游客重游率低等。目前看来，要想彻底解决以上问题还需要进一步的努力。

随着时代的发展，精神文明建设变得越来越重要，旅游文化纪念品必须与时代相接轨，与科技相接轨，而不能仅仅是简单的具象照搬和移植，要与人们日益增长的审美观、市场需求相适应，从产品的价值、意义、内涵、材料、技术、工艺、时尚等元素方面全新创意，将传统与现代相结合，拓展创新思路。

1. 旅游纪念品的创新设计分析

旅游购物制造业和市场、产业、城市发展进程息息相关。发达的商贸业、现代化市场流通业不断地、积极地推动了购物旅游、休闲旅游和观光旅游的发展。而且，在活跃的外部商贸活动及其旅游需求不断扩张的带动下，当地旅游业和内在的旅游需求也不断得到拓展，凭借“市场带动工业，工业支撑市场，市场与产业联动”的独特发展路径，旅游购物制造业发展迅速。

（1）旅游购物制造业的特征、分类、作用

旅游购物制造业主要以购物商品为载体表现，要求产品突出文化性、纪念性、独特性、轻便性、时尚性、实用性。旅游购物品制造企业应把控商品的功能性、符号性、地域性、未来性四个方向。

（2）传统艺术文化对现代设计的影响

当前，传统文化复兴，越来越多的人关注和追求传统文化。国内各个城市都在建设自己的特色创意设计产业，它们创新思维，更新观念，在提升自己的思维层次，确立新的文化产业发展观，深化文化体制改革的同时，通过发行符合当地文化产业发展规律的产业政策，培育了一批富有活力、具有特色的民间工艺文化产业集群，努力把民间工艺资源潜力变成产业优势，形成了文化产业发展与文化消费的互推互动，既培育了市场，又激活了消费，实现了丰富市民文化生活和企业发展的双赢。在复苏传统工艺的同时应与时俱进，加强对传统旅游商品的创新性开发，多次进行理论与实践，对新科技、新时代下地域文化特色商品进行再设计。同时，在围绕附加功能和附加商品的开发上深做文章。旅游部门应积极引导规范，鼓励具有现代内涵、具有创新价值与意义的文化内涵深厚的传统旅游商品的开发，定期举办旅游商品设计大赛，调动社会各界的积极性。

（3）制造业商品创意走向农村、山区创新，以农家乐为题材

国内游客参加率和重游率最高的“农家乐”旅游项目：以“住农家屋、吃农家饭、干农家活、享农家乐”为内容的民俗风情旅游；以收获各种农产品为主要内容的务农采摘旅游；以民间传统节庆活动为内容的乡村节庆旅游。但随着时代的发展，农家乐购物商品已不仅仅是对农副产品的依赖，更多的人需求能承载农村文化的纪念产品来记住这次旅游经历。

因此，应抓住“体验”与“纪念”两大元素，从乡村购物商品到农产品的创意包装到体验用品进行分析研究，设计优秀的旅游纪念品。例如，运用仿生设计手法，借用形象美丽的小白菜，趣致巧妙地对餐叉和餐勺等商品进行造型设计。使用者看到那生机盎然的绿色，必定赏心悦目。这种设计既表达出一定的情趣性、亲和性、自然性，又使人们在用餐之时能看到原始的菜的本貌，产生“喝水不忘挖井人”“粒粒皆辛苦”农民栽种的辛苦的认同感，如图 2-7-1 所示的蔬菜餐具。

图 2-7-1 蔬菜餐具

图 2-7-2 所示的蘑菇造型灯具，造型饱满、膨胀，巧妙地运用蘑菇面与体的关系，寓生活于自然。

图 2-7-2 蘑菇灯具

运用师法自然的设计理念进行创意，在产品设计中突出传统形式美，突出人们的情感真诚以及对自然的追求、回归。这种创意形态设计能够展现其独特的形态特征。笔者针对游客去郊外、山区等游玩设计的太阳能篝火热水壶如图 2-7-3 所示，该设计抓住了传统文化活动中的篝火形式美及人们所向往的和谐、欢快、团圆、奔放气氛，并与当今时代科技、绿色、新能源的形式美相结合。

图 2-7-3 热水壶设计

再如笔者设计的采摘果盘，如图 2-7-4 所示，有一种让人回归自然，从枝头上摘下果实的感受。陶渊明“采菊东篱下，悠然见南山。山气日夕佳，飞鸟相与还。此中有真意，欲辨已忘言”诗中意境让每一个在喧闹城市中的人都不由得产生向往之情。该产品的创意设计，让人们在使用的过程中体验到自然的纯朴和心灵的净化。

图 2-7-4　果盘设计

五谷是哪五谷？茄子花、韭菜花长什么样？我想很多孩子都不知道，因为他们见到的蔬菜大多是经过加工的。和谐社会的构建需求情感的沟通，以产品创意设计作为载体，可以复苏邻里文化，普及蔬菜、稻谷知识。在科技时代，有效运用创新思维，将新材料、新技术融入设计当中，可以起到很好的宣传教育作用。如图 2-7-5 所示为孩子设计的碗，随着热量的变化，呈现出麦田、稻米等农作物变成我们家里的面和米的过程，宣传知识。

图 2-7-5　碗中的图案

图 2-7-5　碗中的图案（续）

当前，各地政府都在积极建设和发展地域文化特色。农家乐是各地方地域文化特色重要环节。“农家乐”是传统农业与旅游业相结合而产生的一种新兴的旅游项目。在产品设计中，积极探索文化创意，为进一步挖掘农家文化，开发旅游创意，推出旅游特色产品，突出纪念性、时尚性、标志性和地域文化等提供平台。旅游学研究表明，游览风景名胜得到的满足是暂时的，而了解旅游地的风土人情、民俗文化和劳动人民的现实生活所得到的满足则是持久的。

（4）旅游购物品设计的地域文化结合创新分析

要树立地域景区品牌意识，突出地方特色。设计时应抓住环境、购物商品、人文互动之间的关系。

（5）制造业商品创意走向科技创新、多维感官的体验题材

当今是电子科技的时代。世博会上的中国馆就运用新时代的科学技术手段向世界展示了具有中国文化的动态的“清明上河图”，它运用新颖的创意设计思路，将我国的文化更好传承和推广向世界。如图 2-7-6 所示。多维感官的融入情感体验设计，追求产品的互动性。当今艺术设计，必定是抓住民俗的、时代的、科学的、前瞻的特征的设计。

图 2-7-6 科技时代的动态“清明上河图”

2. 旅游纪念品的语义创新分析

这方面主要从图案的继承和发扬进行展开。符号学是研究符号性质和规律的学科。产品造型的符号学规范是从语构学、语义学和语用学的角度对产品造型提出的具体要求。旅游购物品造型要发挥语言或符号作用，便要使这种语言能为人们所理解，要表现出代表性文化、审美、意象象征、价值取向、个性特征、时代特征、生活时尚。

研究民俗艺术文化和时代结合在产品设计中的运用，研究元素符号的解构与再现，把握好人、设计、文化三者之间紧密相关的联系，构成文化的、民间的、时代的、科学的产品设计。笔者运用建筑、教堂、城堡的元素，结合创新科技材料设计的工艺纪念品——“城堡”盖子，可以根据温度、水蒸气变色，成像栩栩如生，如图 2-7-7 所示。

旅游购物是旅游活动中的重要组成部分，也是目的地吸引游客的因素之一。有效运用创新设计辅助旅游购物制造业发展，符合现代人的消费需求。旅游购物品设计，引领时代步伐，构建新形势下的设计思潮，推动城市旅游特色，具有重要的经济、社会、文化意义。

图 2-7-7 “城堡”盖子设计

第八节 交通工具产品设计表现

交通工具是现代人的生活中不可缺少的一个部分。随着时代的变化和科学技术的进步，我们周围的交通工具越来越多，给每一个人的生活都带来了极大的方便。陆地上的汽车，海洋里的轮船，天空中的飞机，大大缩短了人们交往的距离。

交通工具狭义上指一切人造的用于人类代步或运输的装置，如自行车、汽车、摩托车、火车、轮船及飞行器等。随着科技的发展，交通工具也在不断变化。展望未来，交通工具将往快捷、方便和安全等方向发展。交通工具的发展见证了人类社会的进步，促进了世界经济、政治、文化以及科技等领域的交流与发展，进而促进了整个人类社会的繁荣进步。但同时，如人们所说，万物都有其两面性。交通工具的发达虽然给人类带来了方便和快捷，但随之也带给人类无尽的烦恼甚至灾难。比如，石油资源枯竭、环境污染、交通事故频发等。

图 2–8–1 所示为全封闭式自平衡电动机车，此作品原作者为 Lit Motors，这款全封闭式自平衡电动机车是个人交通工具领域的创新产品，它不仅可以通过陀螺仪平衡来使摩托车保持直立的状态，同时还带有各种电子功能，如与智能手机等设备相联后可以显示交通资讯等信息。除此之外，该摩托车的另一大特点就是全封闭式车厢外壳，让骑乘者能够躲避风雨，享受更为舒适的乘坐体验。

图 2-8-1　全封闭式自平衡电动机车

这款外观独特的个人交通工具，其造型吸引着人们的眼球。它采用了先进的赛格威技术，使得车身紧凑轻便，让驾驶者可以在城市中快速穿梭。此车采用摇杆操作，同时兼容电脑智能驾驶程序，安全性和环保性也相当突出。如图 2–8–2 所示。

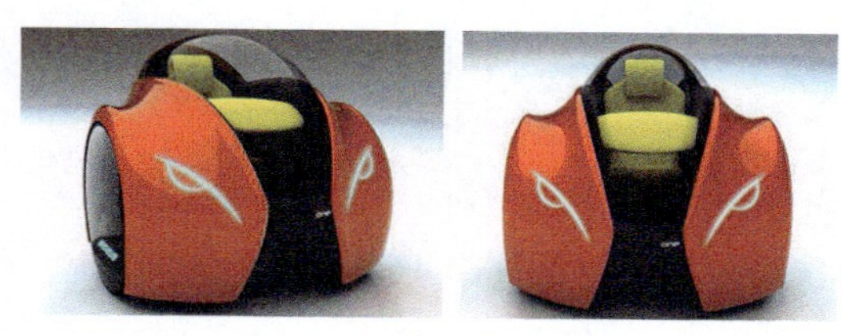

图 2-8-2　个人交通工具

名为“郁金香”的机车，它那郁金香花瓣似的框架结构从消费者的角度考虑，每块部件都是可拆分开的，能让你从真正的需求出发，配置机车功能。如图 2–8–3 所示。

图 2-8-3　“郁金香”机车

科技的进步使得人们有足够的空间去想象未来将要发生的事情。这架 Sky Whale 概念飞机要比现今最大的客机大上一圈儿，机舱内采用上、中、下三层设计，可容纳 755 名乘客。飞机采用机身与机翼分体式设计，可有效降低风阻，并在紧急时刻脱离，降低因机翼损坏而带来的毁灭性灾难。此外，该飞机采用铝合金与碳纤维材料，极大减少了机身重量；而且，它的引擎可 45 度角内旋转，从而在起飞与降落时提供最佳助力。如图 2–8–4 所示。

图 2-8-4　Sky Whale 概念飞机

虽然一架纸飞机耗费不了多少力气，但它的飞行寿命实在是太短了。这架使用碳纤维板制作的“纸”飞机可是能经受得住各种艰苦环境呢！除此之外，它还搭载了两个推进螺旋桨和摄像头，可执行实时的空中取景任务，并可用手机端控制飞行轨迹，通过蓝牙（有效范围大约一个足球场那么大）传输信号。如此“炫酷”造型要比其他遥控飞机更有意思吧？！如图 2–8–5 所示。

图 2-8-5　“纸”飞机

在美国宇航局（NASA）的大力支持下，这架由麻省理工学院研发的大型概念空中客机公之于众。这架“超宽超重”的空中客机拥有气泡合体式的宽大机身、更薄更轻的机翼，以及能够轻松推进飞行的机尾发动机。风洞试验表明，正是由于如此特殊的设计，这架飞机的耗油量反而下降了 70% 左右。在载客量提升的同时油耗还可以降低，不仅是这架飞机最吸引人的卖点，同时这也代表了未来空客的发展方向。据称，这种飞机至少要到 2035 年才能投入正式运营。如图 2–8–6 所示。

图 2-8-6　空客

美国 AVX Aircraft Company 计划推出一架复合式直升机，该机采用双轴螺旋桨加推进器与小翅膀的方式，使得动力大幅提升，不仅将直升机的时速提升至 270 英里，而且运载能力也翻倍，一次性可承载 12 名士兵与 4 名机组人员。此外，它的战斗版本也能迅速调换，称得上是未来战争中的空中利器。如图 2–8–7 所示。

图 2-8-7　复合式直升机

图 2-8-7　复合式直升机（续）

Aero Bicycle 的车身框架由若干条 0.9mm 厚的优质木条粘合而成，带给骑行者最自然的避震方式，同时，顺势的木纹纹理也保证了车体结构强度，当然还可以在木板之间嵌入碳纤维或铝材料，进一步提升稳定性。如图 2–8–8 所示。

图 2-8-8　Aero Bicycle 自行车设计

Virtue Cycles 制作的代步三轮车终于要发售啦！其帅气的外壳下装有 750W 的电机，最高时速可达 32km，充满电后可行驶 80km，此外，其袖珍的体型（可在两辆汽车之间找到宽敞的停车位）与完善的功能（如转向灯、后视镜等）在短程通勤或游玩上肯定会超越 Smart 轿车。如图 2–8–9 所示。

图 2-8-9　代步三轮车设计

这辆站立无座自行车增强了前驱把控性与稳定性，骑行者需依靠全身的力量去踩踏和转向，这对于一整天都要坐在电脑前的白领上班族来说可是最棒、最便利的锻炼放松方式哦！如图 2–8–10 所示。

图 2-8-10　无座自行车设计

Sno Bike 是一辆由滑雪板、履带车和自行车组合起来的混合雪地车，可以提供优秀的导向、抓地力及骑行舒适性，带给你区别于滑板的非一般的滑雪体验！如图 2–8–11 所示。

图 2-8-11 Sno Bike

瑞典改装车厂商 Rinspeed 在日内瓦车展上推出了一辆属于未来的电动汽车——XchangE，这辆欲打造成都市人生活与办公必不可少的一部分的汽车改装自 Tesla Model S，有着灵活的车内空间：它的座椅总共有 20 种不同的摆法，在自动驾驶状态下乘客可以随意活动；而且，自由的方向盘可在中控台上左右移动。此外，该车配置的先进科技包括车车通信（Car-to-Car）、车主的生物识别、多彩 LED 全景天窗、数字触摸控制台等，当然还有一台 4K 高清电视，在车上无聊时也可转过身去看会儿电影哦！如图 2-8-12 所示。

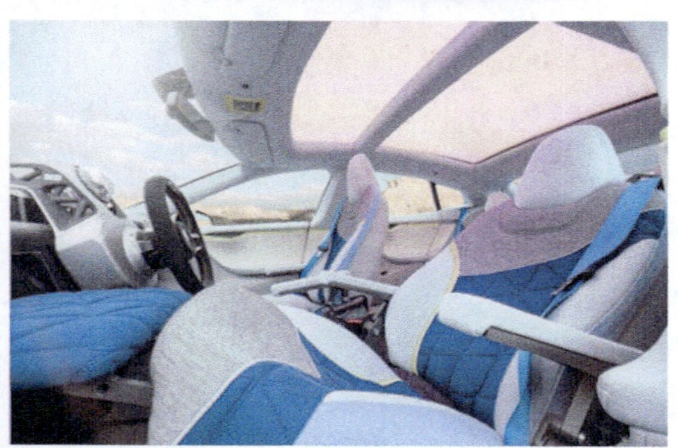

图 2-8-12 电动汽车——XchangE

如果想要折叠自行车越发轻巧，就必须先解决链条的问题，因为它可不容易折叠。Bygen 研发的这辆无链条自行车通过 3

个齿轮将动力直接传送给后轮，而且脚踏板能够始终保持在水平位置，利于蹬踏；其“折叠”方式采用前后直滑机构，只需搬动一下把手即可将体积缩小一半。车身框架采用碳纤维材质，全车仅重 7kg，轻便至极。如图 2-8-13 所示。

图 2-8-13　折叠自行车

一辆自行车其实并不会占用太多的空间，最占地的莫过于不好安放的车把，Flipcrown 是一款安装在车头碗组处的螺母，它能够在保证骑行安全性的前提下让你停车时把车把转向一侧，将自行车瘦成一道闪电，进而极大地缩减停车空间。如图 2-8-14 所示。

图 2-8-14　Flipcrown 自行车

JIVR，是一辆无链条电动折叠自行车，其灵活的结构使得只需两三下便能折叠起来，车内藏有一块 120V 电池，支持 30km 的最大巡航，最高时速 32km，充满电也仅需 90 分钟。此外，该车还提供 ibeacon 技术，在将来可以同任何一辆智能车交互，并可连接上 Apple Watch。如图 2-8-15 所示。

图 2-8-15　JIVR 自行车

图 2-8-15　JIVR 自行车（续）

Segway，这是目前美国新潮的交通工具，美国总统曾将这款车送给父母，赠给日本首相。这个车的名字是“平顺地流动”的意思，寓意这种工具可以让人们随心所欲地行走在都市的每个角落，如图 2-8-16 所示。

图 2-8-16　Segway 交通工具

随着孩子的快速成长，对于只有一个孩子的家庭来说，那些仍完好无损的玩具或许要永远地压箱底了。Miilo 是一辆为多个年龄段儿童设计的小车，只需翻转一下后轮，拆装几次骨架板，便可随着孩子的身高增长或骑车本领的提升而改变，一辆车可使用很久，这也培养了孩子与玩具之间的感情吧！如图 2-8-17 所示。

图 2-8-17　Miilo

这款拥有超宽、超厚轮胎的电动踏板车可轻松应对那些颠簸起伏的糟糕路面，看上去有点儿笨重但骑起来十分潇洒飘逸，可骑可座，酷爽至极。此外，选择节能模式后，车载电池可维持 25 天左右，节能环保。如图 2-8-18 所示。

图 2-8-18 电动踏板车

Aither是一种闭孔微发泡聚合物树脂，Tannus 公司用它制作了轻便、防扎、低阻的实心轮胎，其材料质感类似现在运动跑鞋上的发泡塑料。这款实心轮胎耐磨、耐腐蚀，几乎不会有掉色、老化的迹象，地面阻力大约在 15% 以下，与专业公路车轮胎相差无几。如图 2-8-19 所示。

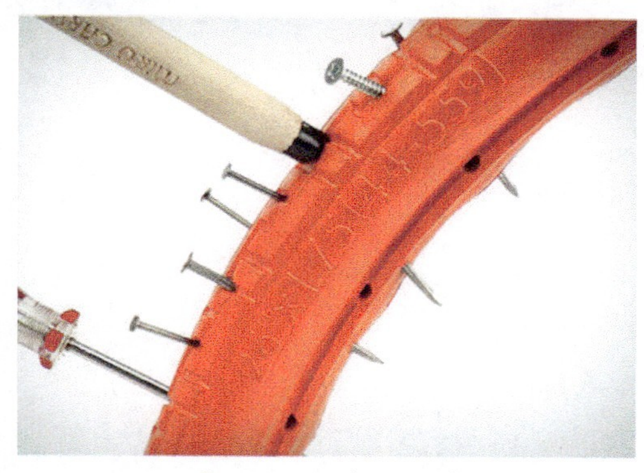

图 2-8-19 轮胎设计

炎炎夏日，泛舟海上，吹着凉爽的海风，吃着美味的烤肉，这才是真正的度假生活！这艘烧烤小艇为您和您的小伙伴们提供了一个绝佳休闲场所，其圆形台面可容纳 10 人之多，大家既可围着火炉尽情地欢唱享乐，也可下海游泳，简直爽透啦！如图 2-8-20 所示。

图 2-8-20　海上度假交通工具

大型游艇有着宽敞舒适的海上体验，但却无法体会到那种浪中疾行的快感。这艘可折叠的小型游艇有着多层伸展船体，在风大浪急的海面保持原有紧凑形体，而到了宽阔的平静港湾，它的甲板与顶棚可纵向伸展，将活动空间扩展到之前的 3 倍多，让小伙伴们在上面尽情地玩耍，享受和煦的阳光与温暖的海风。如图 2-8-21 所示。

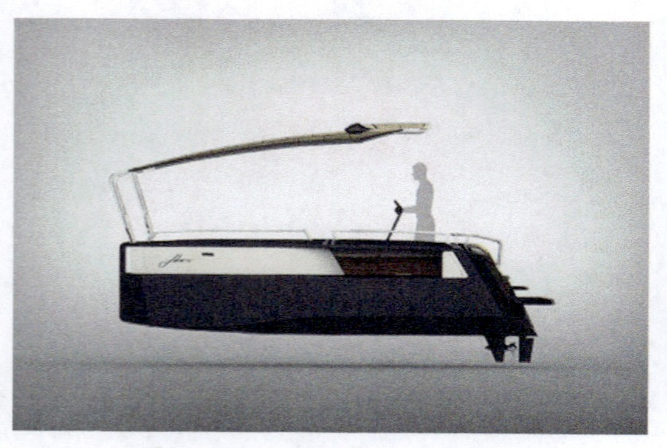

图 2-8-21　可折叠的小型游艇

Tiwal 是一艘充气橡皮筏，架上船帆后可用来完成高水平的竞技运动或纯粹用来在海边放松，整艘船重 50kg，展开后长 3.2m，船帆可选 5.2m 或 7m 高，拆装仅需 20 分钟，是去海边度假的必备哦！如图 2-8-22 所示。

图 2-8-22　充气橡皮筏

澳大利亚公司 EVX Ventures 推出这款可无限续航的太阳能汽车——Immortus。其炫酷的外表上，搭载 7m^2 的太阳能电池，在有太阳的时候，能够以 60km/h 的速度一直行驶。此外，它还拥有 10kWh 的电池，即使在夜里，也能继续行驶 400km，真正实现无限续航。如图 2-8-23 所示。

图 2-8-23　无限续航的太阳能汽车

新时代的今天，汽车是必不可少的交通工具。可是，随着汽车制造业的发展与社会的需求，停车难变成了引发人们焦虑的迫切话题。图 2-8-24 是笔者在 NISSAN 关于交通工具未来停车问题全球设计动员竞赛上的作品“Air Bubble”，在该方案中，汽车可以进入气球并通过中央控制器有秩序地升到空中。

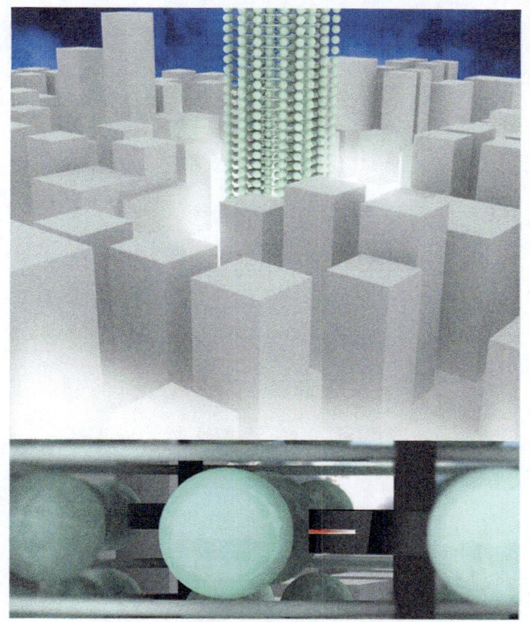

图 2-8-24　“Air Bubble”

第九节　文化元素产品设计表现

人创造了文化，文化创造着人。不论是古代文明还是现代文明，文化贯穿于设计的始终。一个国家或地区在不同的历史阶段有着不同的思想文化，这也就影响着一个历史时期的设计理念与设计动向。但总而言之，民族性的东西根深蒂固，不论发展到怎样一个历史阶段，民族的传统性总会或多或少地影响设计，当然，现代人有现代人的文明，在高科技发展的今天也不能一味地依赖传统优秀文明。每一个民族、每一个时代都有自己的传统，随着时代的发展，人类创造的文明越多，传统也就越多。可以说，一切经由历史所流传下来的思想、道德、风俗、文学、艺术等文化形式，都可称为传统文化。

传统文化是在一个民族中绵延流传下来的文化。任何民族的传统文化都是在历史过程中形成和发展起来的，既体现在有形的物质文化中，也体现在无形的精神文化中。传统文化主要是相对于当代文化和外来文化而言，其内容为历代存在的种种物质制度和精神的文化实体及文化意识，如人们的生活方式、风俗习惯、心理特性、审美情趣、价值观念、忠孝观念之类，也就是通常所谓的文化遗产。

我们的设计师生长在具有五千年文明沉淀的中国，首先要不断汲取传统文化的精髓，然后结合现代的设计手法对其进行再创造，使其与传统文化能够充分融合，达到既“现代”又“传统”的效果，即所谓的“古为今用”。要知道，我们今天的文化在“将来”也将成为“传统”，认识到这一点，设计师就可以在更广阔的视野中做到融会古今、集文化之大成。

例如，中国民间传统的剪纸艺术的表现形式与文化内涵为现代设计师提供了宝贵的设计手法，对剪纸艺术元素进行解构并将其应用到现代产品设计领域中，总结产品创意设计方法，紧扣时代脉搏，将文化与科技相融合，突出产品设计内涵及特点，有利于提升产品的价值。同时，在民俗文化艺术形式的传承中，用新的科学性、时代性和前瞻性的设计表现形式来弘扬其特色，让传统文化借助产品本身所特有的持久性和广泛影响力在现代产品设计中得到更新和拓展，再现其魅力，既传承了中国文化又丰富了产品的外在表现，对产品设计研究具有一定的现实意义和应用价值。

中国传统文化很多，如中国书法、篆刻印章、京戏脸谱、皮影、武术、秦砖汉瓦、兵马俑、桃花扇、景泰蓝、玉雕、中国漆器、剪纸等。

中国传统文化是由悠久文明演化而汇聚成的具有独特民族风貌的文化，它是人类智慧代代相传且不断完善的结晶。中国传统文化博大精深，源远流长，在五千年的历史长河中，孕育出了中华民族的传统艺术风格。

中华民族有着悠久的历史文化底蕴，随着时代和经济的发展，在设计行业中传统元素为中国设计师提供了更多的创意和启发。传统文化与传统元素的运用不只是再现传统，更多的是对传统元素的继承与创新。传统元素承载着浓厚的地域性民族风情气息，容易使受众从心理上产生亲近感。在当代设计中，如何利用这一特性，将现代设计语言与传统文化充分结合，是设计师们的使命。

中华传统元素文化内涵需与当代设计融合，以创造新的体验，发现新的价值，从而再现并弘扬民族特色和民族文化的辉煌。

1. 剪纸

剪纸艺术是具有民族性和地方性的特色文化，将这种传统手工艺与时代接轨，寻求新的表现形式，使之在现代的设计中得以创新和发展，能创造丰富的文化和精神价值，以满足当代人的心理诉求，并且适应当代人的审美和功能需求。将时代、科学、文化相融合，构建新形势下的设计思潮，是当今设计师研究探索的新课题。

中国的剪纸艺术经历了多年的文化积淀，更具艺术特色，其在民俗活动中占有很重要的地位。剪纸是一种镂空艺术，其艺术语言很重要的一个特点是所有形象都是在玲珑剔透的形式中塑造，在视觉上给人以透空的感觉和艺术享受。其载体可以是纸张、金银箔、树皮、树叶、布、皮、革等片状材料。剪纸的图案更体现出时代的烙印，它题材广泛，形式多样，具有形象夸张、简洁、优美、寓意丰富的特点，反映了人民的生活文化、精神文化、民俗文化，蕴含着人们质朴的审美情趣和追求幸福的美好愿望。剪纸艺术以它独特的风格显示了中国传统艺术的魅力和深厚的民族文化底蕴，是劳动人民智慧的结晶。剪纸艺术表现图例如图 2-9-1 所示。

图 2-9-1 剪纸艺术表现图例

现代产品设计是工程技术与现代美学、材料学、计算机应用、社会心理学等相结合的一种应用性较强的综合性设计门类。它是集结构、形态、功能、方式等于一身的设计学科，广泛应用于轻工、交通、环境、纺织、电子信息等行业，对于推进经济建设、制造业和创意产业发展等具有不可替代的作用。它是一种创造性活动，强调以人为本，设计师通过运用设计方法创造出具有一定品质的产品，满足人们的生活需求。

剪纸艺术中的图形、镂空方式、光影关系、文化内涵等是设计素材的瑰宝，在现代产品设计中，尤其是以外在形态设计为品质表达的产品设计中，可以将剪纸艺术的创意思路应用其中，以凸显其魅力，如家居产品、数码电子产品、公共设施、家具等。笔者通过研究并实践，总结出了相关创作的方式、方法：图形元素植入法；感官体验法；迎合功能特征法；立体化视角表现法；多元化设计表现法等。

（1）图形元素植入法

产品既要满足人们物质方面的需要，又要满足人们精神方面的需要。设计过程中，提炼传统民间剪纸艺术中的图案元素，将这些“符号”融入产品的外观形态中，有利于提升产品的精神价值。

中国传统图案有其内在的文化含义、象征意义、寓意和精髓。这些图案成为人们表达对美好生活的憧憬和祝愿的一种载体。三星福韵液晶显示器把多年来一直受到大家喜爱的传统“龙”图案和“福”字运用到其中，用以表达产品的情感和思想，将一种高洁、富贵、儒雅的精神气质带到了家居生活氛围中。如图 2-9-2 所示。

图 2-9-2　剪纸图案在显示器外观设计中的运用

产品设计过程是一个将创意视觉化、符号化的过程。图 2-9-3 是抓住青花瓷、玉兔、年味等元素，通过剪纸风格的视觉表现形式设计出的一款微软鼠标。青花瓷纹饰，薄如蝉翼，底色莹洁如玉，彰显出时尚、玲珑、便携、科技特征，吸引着消费者的目光。“文化底蕴”极具中国风的图案让人眼前一亮，绘制而成的剪纸图案使得产品整体散发着浓郁喜庆风格，改变了常规电子产品冰冷的形象。

图 2-9-3　剪纸图案在鼠标设计中的运用

（2）感官体验法

设计是一种创造性活动，设计的目的是改善人们的生活，提高生活品质，满足人的生理与心理等多方面的最大需求。随着时代的发展以及人们日益增长的需求和科技时代的新形势需求，设计创新需要设计师更多地关注用户的情感体验，新颖的创意能实现愉快的、兴奋的、积极的情感效应。当今的设计更加注重通过人们感觉、听觉、触觉、嗅觉等多维感官的交互体验，使产品在多方面、多层次的体验设计中，愉悦人们的精神和情感体验，实现它的功能价值和精神价值。在灯具的设计中，运用这种感官设计表达方法能彰显灯光投影间魔幻般的魅力。如图 2-9-4 所示，灯光经镂空的外罩投射出来，其光影关系充满了视觉感官艺术。

图 2-9-4　剪纸在灯具设计中的运用

图 2-9-4　剪纸在灯具设计中的运用（续）

（3）迎合功能特征法

在科技飞速发展的时代，人们更加关注产品的整体品质与造物之心，从而促进了产品创新模式的改变。传统本身也是创新再生的好题材。有效运用剪纸的镂空特征迎合产品功能，能达到功能美、造型美、工艺美的和谐统一。如图 2-9-5 所示的散热孔，其每一个细节的设计都独具匠心。

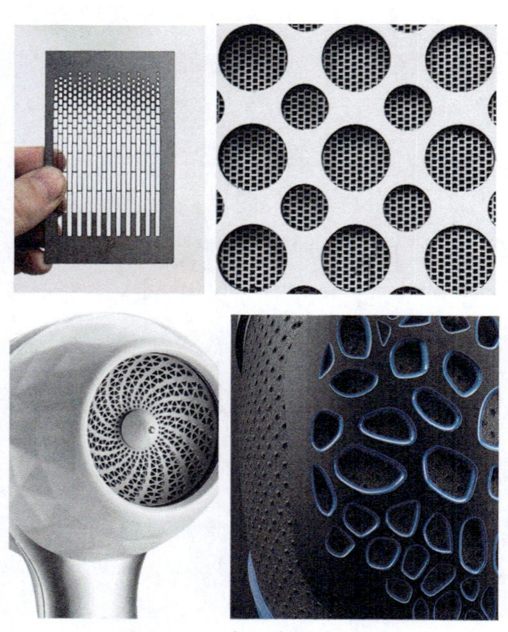

图 2-9-5　产品散热孔设计

图 2-9-5 产品散热孔设计（续）

美的电暖气，正面设计特色突出，整体采用星星形状的镂空图案，星星点点却分布得均匀有序；侧面的印花漂亮大方，其简单的线条美观流畅、动感十足。整体的四面镂空设计，增强了机器的散热性能，正好迎合了电暖气的功能特征。如图 2–9–6 所示。

图 2-9-6 电暖气造型设计

海信苹果云 T 系列“炫转”空调，其外观让人印象深刻的是它独特的山茶花镂空花纹，体现出产品的极致奢华和优雅绽放之美。如图 2–9–7 所示。

图 2-9-7 空调外观设计

再如图 2–9–8 所示的机械手表设计，表盘的镂空设计，能让佩戴者欣赏到机芯精密而完美的运转，领略到机械艺术的内涵魅力，展示出腕表内部构造，把镂空主板、棒子、板桥、齿轮等微细零件呈现在眼前，简直是设计为功能所用的典范。设计师在产品创新设计中有意吐露出产品内部构造，是寻找创意灵感的方法之一。

图 2-9-8 机械手表设计

图 2-9-8 机械手表设计（续）

（4）立体化视角表现法

镂，雕刻的意思。镂空，即在物体上雕刻出穿透物体的花纹或文字。镂空是一种雕刻技术。外面看起来是完整的图案，但里面是空的或者里面又镶嵌有小的镂空物件。镂空有空间感、活力感，穿插错落、编织构建、神秘透气、独具匠心。

对传统平面剪纸进行解构、重组，使其变成立体构成的形式，从二维转化成三维，并将其运用到产品设计中，可以表现出产品的空间感、活力感、通透感及穿插错落的气息。图 2-9-9 所示的植物图案不锈钢扶手椅设计运用了阴阳的镂空之美。细腻的剪纸雕花样式与手工镜面的抛光处理，加上镂空的光影表现，使其放置在环境中闪闪动人。

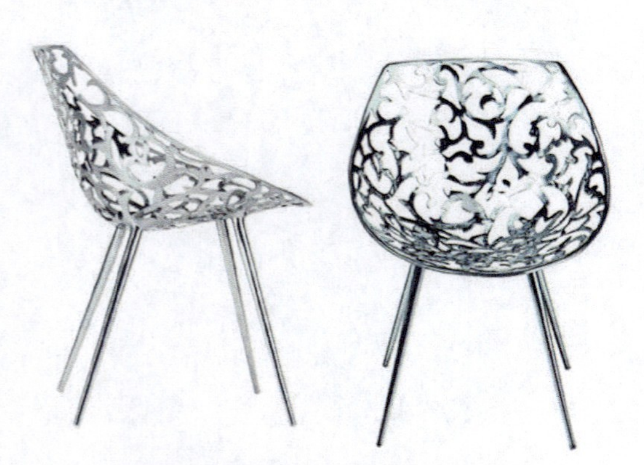

图 2-9-9 剪纸在椅子设计中的运用

（5）多元化设计表现法

设计的目的是满足人类不断增长的需要，在商品化设计中，产品的定位主要是从市场方面进行。在产品设计中发扬传统民间剪纸艺术文化，需要尝试将传统手工艺转向批量生产，实现产品的产业化，在保持传统特色的同时，要与时代接轨、与经济市场接轨。例如，可以将剪纸元素采用动漫表现的方法融入故事情节中进行推广，也可以设计成旅游纪念产品，做成品牌进行推广。此外，现代设计要拓展传统产品的单一功能，发挥多元化的功能效益。在新技术革命浪潮中，传统文化内容与信息技术、网络技术、数字技术对接，派生出网络游戏、数字视听、三维动画等一系列新兴业态，使文化内容更加吸引人、文化传播更加快捷、文化的影响力更加深远。高新技术在文化领域的广泛应用，大大丰富了各类产品的表现力，显著增强了产品创新的设计发展活力。用科技的手段和艺术的创作，使二者紧密结合，创造出一种供人们消费的文化产品，将科技成果有效转化，有利于推动社会及经济的发展。比如，剪纸故事及寓意可以用 3D 影像的技术让受众者虚拟融入其中，或参与剪纸互动，使受众者成为剪纸的缩影元素，更真实、趣味地感受和了解剪纸的魅力并推广其文化内涵。

图 2-9-10 为笔者设计的作品“书立”，该产品设计运用剪纸的图形元素，通过剪纸图案体现“书香门第”“书中自有黄金屋”的寓意特征。

图 2-9-10　剪纸图案在书立设计中的运用

衣架是生活中不可缺少的产品，时尚外观设计是重要环节。人们追求个性与潮流，追求炫丽的艺术形式。将剪纸的美感融入其中，既表现传统文化，又体现出现代产品的美感。图 2-9-11 是笔者将剪纸图案运用在衣架设计中的体现，以“雀上枝头”为情景寓意，表现出一种亲近自然、诙谐轻松的设计效果。

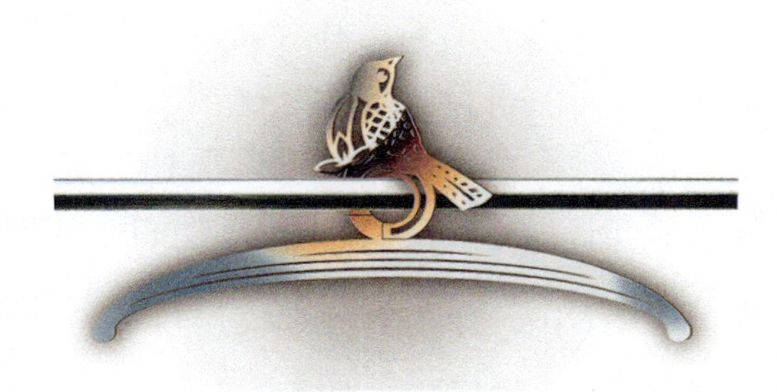

图 2-9-11　剪纸图案在衣架设计中的运用

图 2-9-12 是笔者将剪纸的特征效果运用到 U 盘设计中的设计品，表达出产品质朴、亲和的设计语言。

图 2-9-12　U 盘设计

笔者将剪纸元素运用到拖鞋的设计当中，便产生了图 2-9-13 所示的设计品。其镂空的功能效果迎合了产品透气性的需求，同时，其脸谱艺术的性格化反映出用户的喜好和需求。

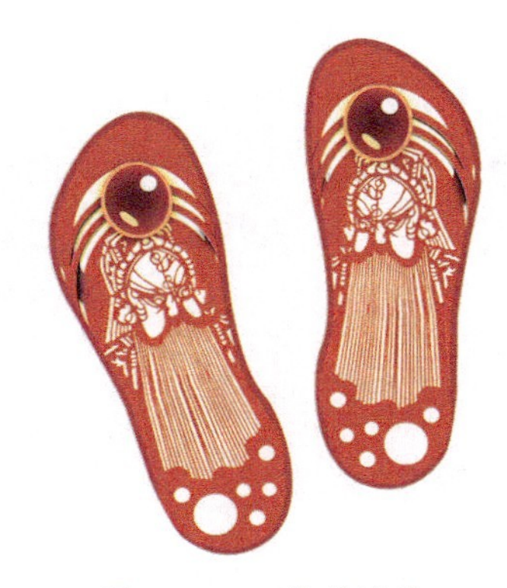

图 2-9-13　拖鞋设计

图 2-9-14 为笔者设计的迷你镂空雪花风扇，有一种短小精悍的设计效果。它充分利用了剪纸艺术的镂空特点，加上雪花的清凉，突出展现了产品的功能特征。

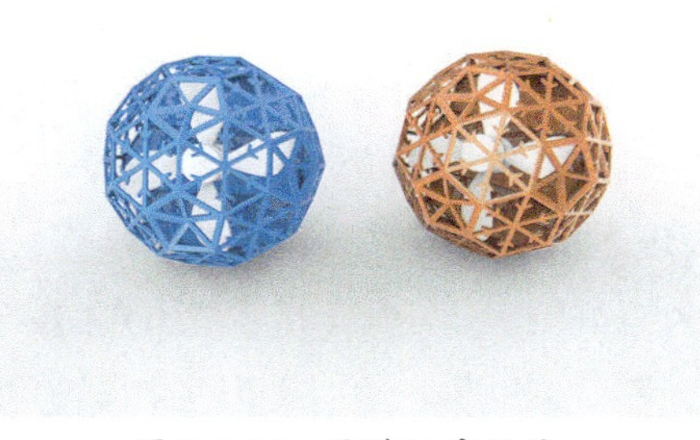

图 2-9-14　雪花风扇设计

产品设计要满足人们追求深层次精神文化的需求。设计者应努力用各种方式、方法提升产品的品质。将传统民间剪纸艺术设计运用到产品创意设计当中，在充分理解传统文化的基础上延其“意”、传其“神”，能让传统文化借助产品本身所特有的持久性和广泛影响力在现代产品设计中得到更新和拓展，实现民间艺术设计多维、多元化的继承与发扬。同时，从这种传统文化中得来的经验与启示，也为产品设计的方法研究提供了丰富的创作思路。

中国传统文化博大精深、源远流长，向世界展示了中国特有的、丰富的民族文化特色，将传统工艺与时代接轨，寻求新的表现形式，使之在现代的设计中得以创新和发展，以创造丰富的文化和精神价值来满足当代人的心理诉求，并且适应当代人的审美和功能需求，成为当代中国设计师的重要责任之一。

2. 风筝

风筝是中国人发明的，距今已有两千余年的历史。风筝起源于春秋时代，在古代，风筝有纸鸢、风鸢、鹞子、风鹞等称呼，其早期用于军事，后变化为玩具。风筝在中国经过历史的积累沉淀，在发展过程中，与中国传统民间工艺如刺绣、年画、剪纸等相融合，利用神话故事、花鸟瑞兽、吉祥寓意等，形态样式千变万化。立体风筝在造型上主要是模仿大自然的生物，如雀鸟、昆虫等，形成了独具地方特色的风筝文化。这一民俗活动表现出不同区域中人们心理、情感、风俗等各方面的特色，承载着丰富的人文内涵，表达着人们的美好人生愿望。各式各样的风筝如图 2-9-15 所示。

图 2-9-15 风筝

近年来，中国的风筝事业得到了长足的发展，放风筝开始作为体育运动项目和健身娱乐活动普及起来，并且还增添了政治、经济等方面的新的社会功能。新时代的科学技术、设计方式和审美理念的渗入等，促使现代风筝的形式变得更加丰富，出现了广告风筝、观赏风筝、特技风筝等如图 2-9-16 所示。

图 2-9-16 观赏风筝、特技风筝

（1）现代风筝的设计新形势

在现代工业文明的时代背景下，中国传统风筝设计在继承传统艺术的基础之上，出现了新的设计趋势和方法，呈现出新时代的文化特点和人文需求。首先，由于科技的飞速发展，新材料如高分子材料、各种复合材料等的出现和成熟，使风筝摆脱了原始时期的木材以及后来的纸或绢等单调材料的束缚。其次，新工艺和新技术的应用，如机械传动结构、声响装置、发光装置等，使风筝的造型更加科学合理和多样化，制作更加便捷，从而使风筝的功能和放飞方式有了更多的可能。再次，新时代的装饰题材和设计元素丰富了风筝的形式和风格类型等。最后，当代人们的新的审美、情感和文化诉求，以及新的时代主题，促使传统风筝在新的设计潮流和设计理念如人性化、情感化、绿色设计等中不断变革创新，最终反映出了新时代人们的精神面貌和生活方式，寄托了大众新的愿望主题，从而丰富了风筝的文化及艺术内涵。于是，为了顺应这些新时代的特点，现代的风筝呈现出一种多元化的设计趋势。

（2）设计思维突破的几点思考

设计的本质思想是满足人们的需求，提升人的生活品质、丰富生活、享受生活。当今，可运用现代设计的表现元素去承继传统文化的意蕴。

造型与图案要素的思考：设计既要创造实用价值又要创造象征价值。不论是实用价值还是象征价值，大多须由特定的造型来实现。造型是思维的载体。如图 2–9–16 所示，2008 年奥运会吉祥物福娃妮妮就将中国传统与现代的图形元素相结合，向世界展示了中国文化的意蕴。

图 2-9-17　奥运吉祥物——妮妮

在造型图案设计中，要利用时代的生活元素、时尚元素、故事情节，可抽象可具象地考虑图形的可认知性，用普遍接受的大众审美情感去打动欣赏者。同时，设计师在进行设计之前，必须要指定明确的目标群体，然后再进行情感的诉求。针对不同的娱乐人群，图案造型的设计可更针对性地反映创作特征，如为现代白领工作人员设计的“鼠标指针”风筝，如图 2–9–18 所示。

图 2-9-18　“鼠标指针”风筝

关于互动性的思考：放风筝是一种激发思维、开发智力、锻炼全身、陶冶情操、交流感情的活动。放风筝并不仅仅局限于个人，而且可以将这种个人性的娱乐方式变成互动性更强的娱乐方式。在泰国的一次风筝比赛中，有一只巨鸟一样的泰国式风筝约有 6 英尺高，竟要 120 人操纵！这样看来，在风筝中可以增加互动性设计的思考，如设计出由 2 人或 3 人同时放的风筝，它将更适合朋友双人结伴或一家三口集体放飞。或者加入模块化设计思路，如风筝可以有多个组合和变形等。这样，在放风筝的过程中，就无形地增加了参与者之间的联系，增进了感情和娱乐性。

关于新材料应用的思考：科技的发展，使得新材料、新工艺层出不穷。如图 2–9–19 所示的变色时钟，使用了可变色的材料，以在不同的时刻变换出不同的色彩，更好地满足使用者的视觉需求。还有现在非常流行的变色杯子，如图 2–9–20 所示。它由同轴设置的外杯和内杯两部分构成，在两杯底端间隙设有一个内部充有热敏变色挥发液体的夹层腔，在内杯的外侧壁上镂刻有与该夹层腔内通的艺术图形通道。饮水杯倒入热水后，夹层腔中的热敏液体会产生色泽变化并升溢于内杯图形通道中，使杯壁显现出艺术图案，从而使人获得美感和艺术享受。另外还有一种较为直接的感温材料，这种材料较为敏感也极为方便，可供应温度区间为 –15℃ ~ 70℃。其可因各种产品应用之需求不同而设定不同的温度区间，色浓度从低温至高温逐渐递减，直到接近透明。图 2–9–21 所示的婴儿用的勺子就采用了这种材料，当勺子的外延遇到相对较高的温度时就会变色。

图 2-9-19　变色时钟

图 2-9-20　变色杯子

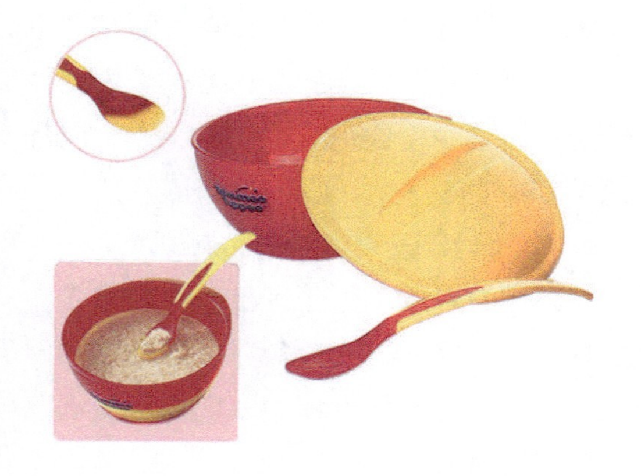

图 2-9-21　变色勺子

在当今时代，变色材料已广泛地应用于生活中的每一个细节，那么风筝是否也可以与这种现代技术相结合呢？首先，风筝在飞上高空之后，离地面越远与地面的温差及受力就越大，而有了温差的变化就为感温变色材料提供了变色基础。其次，也可以在风筝的骨架中注入变色液体，原理同变色的杯子，这样就打破了风筝固有的、单一的图案与色彩样式。

（3）设计创新下的情感体验

当今的设计更加强调和注重能够感觉、听觉、触觉、嗅觉等多维感官的交互体验，目的是使产品从更多方面和层次的知觉体验中愉悦人们的精神和情感体验，从而实现它的功能和精神价值。据资料显示，有人自发设计了“发光风筝”，如图 2-9-22 所示。这种风筝是用电池和发光二极管做成的，而一些大型风筝则装有专门操控彩灯式样的电脑芯片。这样一来不仅解决了夜晚无法放风筝的问题，还为夜晚的天空增加了绚丽的色彩。另外，光感的明暗诱导、光感捕捉、动态光感的差异性，构成极强视觉冲击力。

图 2-9-22　发光的风筝

一直以来，我们都认为放飞风筝必须助跑带动风筝，这样一来就在无形中剥夺了残障人士的娱乐权利。而且，意识中，如果没有风，风筝一样不能飞，毕竟，可遥控的电子风筝，娱乐性相对局限。因此，拓展空间、时间和娱乐的人群就成为一个新的设计突破点。例如，可设计在海上放飞的充气式的风筝，在室内放飞的电子风筝等，电子风筝如图 2-9-23 所示。

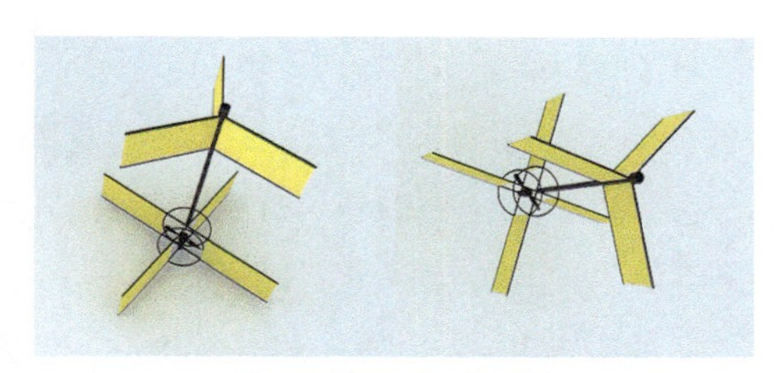

图 2-9-23　电子风筝

（4）设计市场——关于品牌的思考

风筝，中国各地几乎都会扎制，特别是环渤海地区。风筝文化源远流长，各具特色。各地的风筝，自成一派，各具特色，并各有代表性的名师高手。但存在一个问题，那便是缺乏品牌。

设计的目的是满足人类不断增长的需要，在商品化设计的目标中，产品的定位主要是从市场方面进行。那么，我们是否可以将手工风筝变为批量产品，在保持原有中国特色的同时，与时代接轨、与经济接轨呢？其实，我们可以在风筝设计中融入故事情节，进行系列设计，并为其配备辅助装置等，将风筝真正做成产品品牌进行推广。而且，品牌化的产品更容易推向国际市场，让世界了解中国传统文化。

（5）功能借用——现代风筝的延展

德国学者汉斯·萨克塞认为“生态哲学研究的是广泛的关联”，是探讨“自然、技术和社会之间关系的学说”。人类对风能的利用已有几千年的历史，近年来，整个世界都在关注环境保护、能源再生。各国都在发展包括风能在内的能源再生、转能、创能的技术，而风能，便是可持续发展能源政策中的一种选择，因此便有了利用风筝发电的想法。风筝风力发电机的工作原理很简单：风筝在风力作用下，带动固定在地面上的旋转木马式的转盘，转盘在磁场中旋转而产生电能。意大利都灵附近的小公司“巨杉自动控制”（SequoiaAutomation）领导实施了这一项目，风筝电站假想如图 2-9-24 所示。再比如将风能转化为电能的路灯设计，如图 2-9-25 所示。再比如世界上第一艘由巨大的风筝提供部分动力的商船，如图 2-9-26 所示。其在 2008 年 1 月 22 日开始首航，从德国不来梅港市出发，驶往委内瑞拉。风筝船的发明者史蒂芬·瑞吉通过这项试验，降低了船只每天 20% 的燃料费。

图 2-9-24　风筝电站假想图

图 2-9-25　路灯的设计

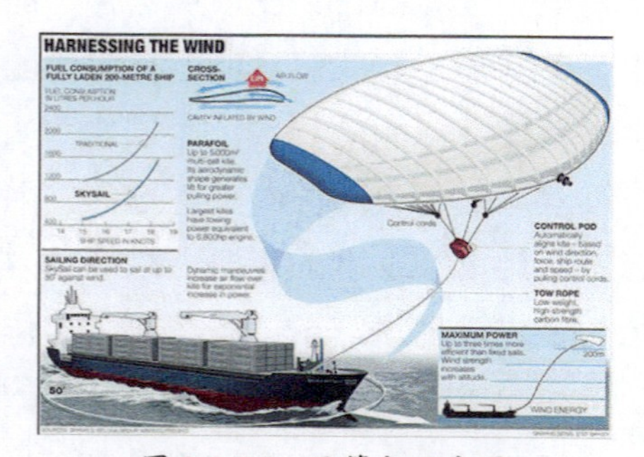

图 2-9-26　风筝船示意图

随着人们生活水平的提高，人们更加关注产品的整体品质与造物之心，从而促进了产品创新模式的改变。产品设计在创新体系中日益发挥着重要作用，不仅促进了新思维的产生，实现了以人为本的设计思想，还能对产品进行统筹规划。风筝是中国传统文化中的瑰宝，是中国传统文化的历史传承之一。在日益增长的物质文化需求下，人们有追根溯源的心理诉求，有对传统文化的传承性诉求。作为设计者，我们也在努力用各种方式来传承和发扬这种传统文化，并将从这种传统文化中得来的经验与启示应用于现代化生产中，从而实现风筝文化这一民俗活动多维、多元化的继承与发扬。

3. 陶瓷

中国瓷器历史悠久，它凝聚了中华民族的智慧，蕴含着深厚的传统文化底蕴，在产品设计中，我们可以探索瓷元素应用在现代产品设计中的创意思路、表现方法，推广创新理念，从而提升产品设计品质，丰富我们的现代生活，推动中国瓷器文化向更深层次的创意化、国际化、产业化方向发展。

中国是瓷器的故乡，瓷器的发明是中华民族对世界文明的伟大贡献，在英文中，“瓷器（china）”与“中国”（China）同为一词。大约在公元前 16 世纪的商代中期，中国就出现了早期的瓷器。中国瓷器是从陶器发展演变而来的，原始瓷器起源于 3000 多年前。宋代时，名瓷名窑遍及大半个中国，是瓷业最为繁荣的时期，当时的汝窑、官窑、哥窑、钧窑和定窑并称为宋代五大名窑。被称为“瓷都”的江西景德镇在元代出产的青花瓷成为瓷器的代表。与青花瓷共同并称“四大名瓷”的还有青花玲珑瓷、粉彩瓷和颜色釉瓷。另外，雕塑瓷、薄胎瓷、五彩胎瓷等，均精美非常，各具特色。

世界上瓷器最能代表中国文化，它是中国文明的象征，瓷的显著特点就是崇尚自然真实，其自然朴实之美深得人们的喜爱，人们对这一材质的掌握和运用已达到了得心应手、炉火纯青的地步。

陶瓷元素一般分为两大类：功能性陶瓷和装饰性陶瓷。

功能性陶瓷指在居室内其自身不仅要具有一定的实用价值而且要具有一定的观赏性，如餐具、灯具等。厨房和卫生间是居室设计中陶瓷元素应用较多的空间，这些陶瓷元素首先有必然的实用功能，以实用而存在。随着人们对居室设计品味的不断追求，这些陶瓷元素在具用实用功能的前提下，其艺术性逐渐被人们意识到并重视起来。

装饰性陶瓷主要满足人们的精神功能需求，将陶瓷元素的材质、色彩、图案等应用到生活产品当中，能恰到好处地处理传统与现代、民族与世界、经典与时尚的融合关系。该类设计既蕴含着浓浓的中国味道，又涌动着新时代气息与审美情趣。陶瓷元素在相机中的应用案例如爱国者哥窑相机，如图 2-9-27 所示。该相机应用了爱国者公司研发的独有的“温压时同控”专利技术，将哥窑天工开物、独一无二的艺术形式与现代高科技完美结合，成就了“科技艺术品”典范，打造出世界首款哥窑相机。就像全世界没有两片相同的树叶一样，独一无二的哥窑相机，纹路自然生成，互不相同。爱国者通过文化和技术这两样法宝，实现了产品价值的最大化，实现了由中国制造到中国创造的转变。

图 2-9-27　哥窑相机

第十节　绿色产品设计表现

设计应由自然物质和自然元素引导，把握人的真实情感，追求人最初的、质朴的、真实的愿望和行为，以师法自然的设计观点及方法，将生活上升为一种新的品质价值。

师法自然是以大自然为师加以效法的意思。其创作思路来自自然，运用自然，追求自然。设计以“天人合一”的指导思想进行展开。人与自然之间的关系应该是相互依附、和谐共处的，然而，随着社会的高度发展，现代世界正在失去的是人与自然的亲密接触，人们承受了越来越大的被动生活和工作压力，人们越来越向往自然，想要寻找自然品格的生活空间。人类的天性是寻求自然，它值得当代设计师对其进行更深、更广的探索和研究。设计师可以从大自然与人类的关系中寻找设计灵感，从而达到一种“平衡美”的价值体现。

1. 尊重真实自然，以真为美

设计就是围绕“人—产品—环境”的关系进行研究，目的和方法也是解决和处理好三者的关系。设计的产品不仅仅在于实用，同时应注重把物体的美、情感与自然结合，通过设计唤醒人的真实情感，使人的身心得到最大的舒展和放松。可以说，设计的不仅仅是产品本身，而是要通过对产品的使用达到一种平衡、美好、愉快的效果。

设计应打破现有的被动的人的习惯和规律，回归到本性的、自由的、情感的自然元素当中去体验人与自然的和谐感受，并促使人内心深处的情感迸发出来与自然融合在一起，进而达到产品设计的真正的目的。

2. 从自然形态中汲取产品设计创意营养

人们向往自然，呼吸自然，人既是自然的生物物种之一，就必然会对自然界中形形色色的动物或植物产生共鸣。仿生设计学的主要内容就是研究人与自然的共生，研究生物体和自然界物质存在的外部形态及其象征寓意、功能原理、内部结构等。

我们在设计中经常通过形态的仿生将作品形象、生动、趣味、亲和地塑造出来，通过反映事物独特的本质属性、语义象征，将人、产品和自然统一起来。

北国的冬天到处充满着形象与形状，冰雪的透明感本身就是大自然让人叹为观止的艺术。冬日大地看似静止，却也因为光线与湿气充满细微变化，让人从中感受到极简美学的线条与意象。新时代的设计师便带着这些思考将作品潜移默化地引入生活。将产品的特有形态作为一种外在的设计语言和设计思想理念的物质载体，向消费者传达出某种信息，促使他们产生某种特定的情感和情绪。著名芬兰设计师 Harri Koskinen 设计的冰块灯，给人带来寒冽的感觉，似处身北国寒冷的冬天，如图 2-10-1 所示。

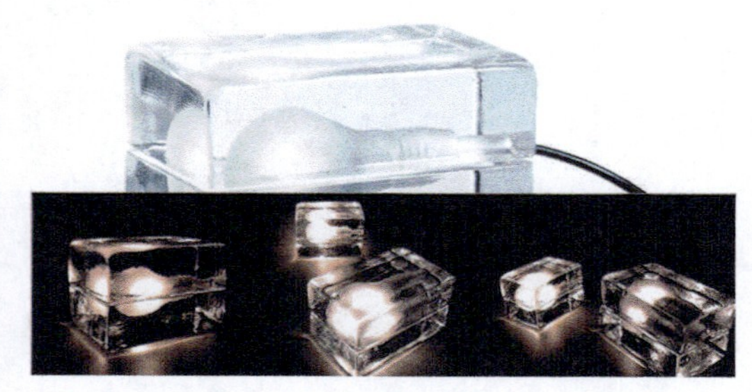

图 2-10-1 芬兰设计师 Harri Koskinen 的冰块灯

运用仿生思维进行设计，抓住事物的本质，不仅能创造功能完善、结构合理、工艺精良、造型美观的产品，而且赋予产品内在生命的象征，工业设计师要学会师法自然的仿生设计思维，创造人、自然、产品和谐共生的对话平台，让设计从自然中诞生。如图 2-10-2 是笔者在黄岩模具杯设计竞赛中的获奖作品——“椅脉相承”椅子。该椅子设计的灵感来源于自然中的叶子，提取叶脉作为设计的创作元素，将其应用在椅子结构之中。椅子整体由中空的管状结构组成，模仿叶脉纹理相互连接、交织的样子。使用者可从椅子支腿处注入彩色墨汁，墨汁顺着管道流淌，会遍及整个椅面，通过灌注不同色彩的墨汁，能改变椅子的整体颜色。用户可以根据心情、季节、家居环境等来选择相适应的色彩，如绿的春叶、黄的秋叶、红的枫叶……，以增添家居空间的自然气息。该设计生动巧妙，力求给用户一个美好的体验，满足心灵上的享受，如图 2-10-2 所示。

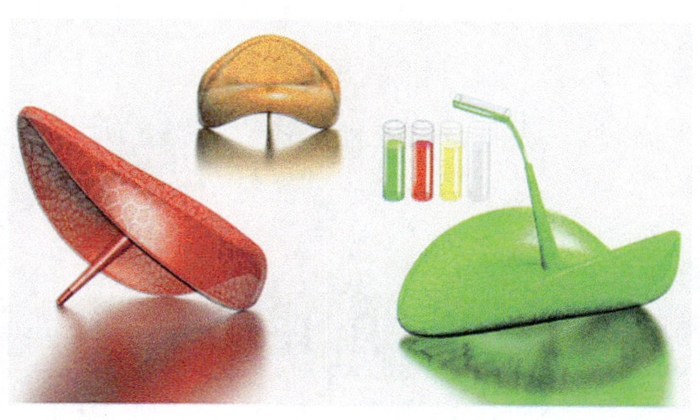

图 2-10-2 “椅脉相承”椅子

3. 从人类自然行为中汲取产品设计创意营养

现在，基本的功能不再是设计唯一的目标。将某种新的价值附加到产品的设计中，丰富产品并提升它的实用和精神价值，是当前设计必须要考虑的。这就意味着，在每一次的设计实践中，我们都应该将人的内在需求作为设计的目标，以某种合理的方式融合产品的功能和结构，而不是狂热地追求物质的、技术的、形式的表面存在。

设计应站在人与自然的关系的高度，而不应仅仅局限在审美和实用的范畴内，设计应体现人的内心深处的渴求，将设计思想上升到探讨人与物的哲学关系。现在的很多企业都建立了人因生活实验室，跟踪研究人的生活、人的本质特征、人的规律、人的情感等，并把这一切转换成设计符号，建立人的行为资料库，依据资料设计出产品并把产品提升到一个新的、更产生共鸣的、更贴切、更默契的品质层次。

比如，提起花洒设计，如果融入自然情感，让你重温儿时对水的好奇和淋雨的感觉，就会拓宽产品设计的创意思路并提升产品设计的品质价值。我们想象一下，水 + 空气 = 天然落雨。我们在设计中融入空气注入技术，以模仿天然落雨效果，那么只有当水旋转运动飘落且携带了大量空气时才可仿真天然的落雨效果。这种天然的空气注入原理就是飞雨头顶花洒的基础。空气被吸入至花洒头中，然后以 3 ∶ 1 的比例与水混合，花洒头中的气泡打断了直线式的花洒出水方式，形成了成千上万个像珍珠似的大水滴，并产生天然落雨的声音。另外，在喷洒模式上体验淋雨效果，轻柔的雨淋会带来爱抚的感觉，也可以产生按摩和让人振奋的效果。此外，再在花洒上配制模式转换器，可形成柔和的雨淋式出水和混合式出水，能轻松选择不同的喷淋方式——轻柔大面积的顶式喷淋、强劲的按摩喷淋、音乐节奏喷淋。这样，人在淋浴中的行为活动就被极大地丰富了起来，我们既可以主动追求被春雨滋润的感觉，也可以享受瀑布似的大面积喷洒感觉，还可以享受音乐韵律的快感。

当今，节能减排已成为全球最为关注的焦点和主题。综合利用创能和转能是目前节能减排产品设计中的方式之一。笔者在韩国仁川举办的“Green Life”全球设计大赛中的获奖作品——旋转手机设计如图2-10-3所示。人们在休闲或工作的时候，习惯对拿在手中的器物做有规律的“小动作”，比如以手指旋转或者拨动等方式“玩耍”小物品，这种“习惯”是人本身主动的行为，该设计便抓住了人的自然行为的创意设计灵感。该设计通过特殊的结构，将人们旋转手机的动能转化为电能，并将其储存起来作为手机的能量来源之一。此外，迎合旋转特征，设计还整合了复古的电话拨号方法，即通过手动拨转数字键来拨打电话号码，不但有复古文化的时代流行特点又具有情趣，同时在这一过程中，也能将旋转的能量转化成手机的储备电能，从而达到环保的目的。此外，还具有灵活的人性化界面设计，整体外观呈金属色泽，圆形闭合，如首饰镜一般时尚美观，且携带方便。旋转手机设计如图2-10-3所示。

Rotary mobile phone
A mobile phone which can convert energy

A moblie phone which can spin like a top
As is known, people always fiddle with some small thing involuntarily in the leisure time, and at the same time they can get enjoyment and pleasure from this kind of game. So in this mobile telephone design, we seize those habits of people' s behaviors and obtain the inspiration from the game of top. So this phone' s characteristic is that it can transform the rotation kinetic energy into the electric energy when the owner plays it. And then the electric power was stored into the batteries in the cell phone during this process of energy conversion. In this way, we reach the aim of reducing the energy consumption.

图 2-10-3　旋转手机设计

Rotary mobile phone
Personalized mobile phone
We can wear this cell phone on our clothing, so we can carry it very conveniently and show our individualities at the same time.
It not only can be played for the pleasure, but also can be used as a mirror in our daily lives.
The structure of energy conversion

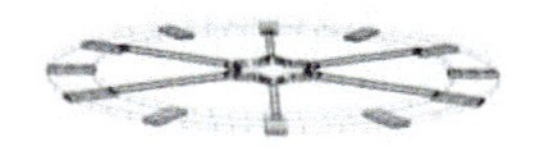

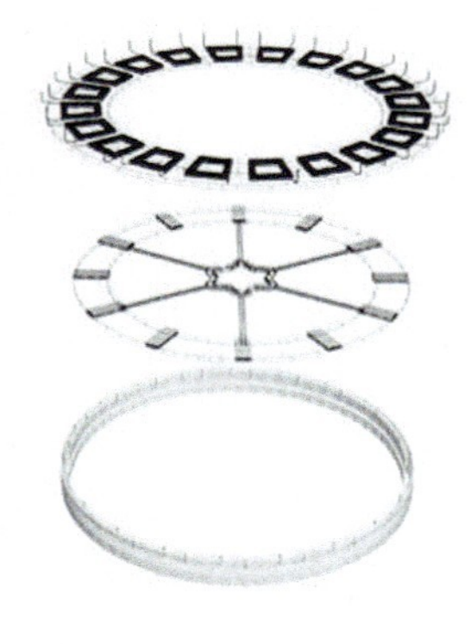

rotating

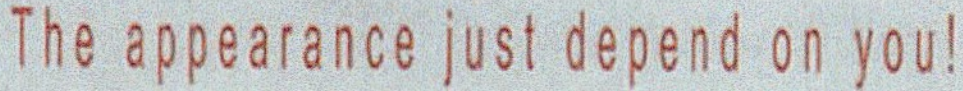
The appearance just depend on you!

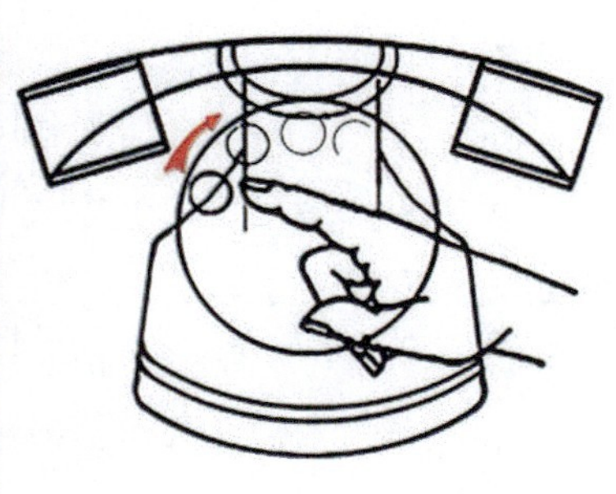

Furthermore, the other characteristic is that we can turn round the numeric key with our fingers to dial a number. That is an ancient way, but it can achieve power from the conversionof the rotation kinetic energy.

图 2-10-3　旋转手机设计（续）

4. 从人的内心自然情感中汲取产品设计创意营养

情感是人类对于外界刺激做出的一种本能反应，它对人们的生活、思维等方面能够产生很大的影响，并在一定程度上决定着人的行为和活动方式。在与外界环境交流时，人们会产生两种反应和感性体验，即消极情感和积极情感，其中，积极的情感体验对于人们的生活有着重要的意义，所以，当代设计师要努力挖掘人对于产品产生的正面的情感体验，最终实现产品的商业价值和文化价值。

那么，产品设计是如何引发人的生活情感的呢？设计师将情感赋予产品，当消费者与它发生关系时，会通过对它的感受，以及对过去类似经验进行搜索和比较、对自己的需要和体验进行分析等一系列复杂的认知过程，形成对产品的感性认识，进而产生情感的回应。而这些情感回应将会回馈和应用到设计师的再设计中，由此可见，设计中引发的生活情感是一种由设计师到产品，再到消费者的不断循环的交流过程。

人类的生存离不开形形色色的各类物体，因为物体是有着真实质感、能被触知的，所以很多人便希望设计师能尽快设计出感觉型的标识。为此，设计师在设计产品时，通过视觉、听觉、触觉、嗅觉等感知方式传达产品信息，能使产品从更多方面和层次的知觉体验中刺激并激发、愉悦人们的精神和情感体验，并最终完成它的功能和精神价值。因此，利用感官特性设计的产品形象更加丰富，更具吸引力和时尚魅力，更容易引起人们的心理情感的变化，满足人们的多元化需求。

产品是为人服务的，它通过设计形式要素引发人的情感体验和心理感受，传递着一种情感，表达着一种功能方式、一种思维，一个时代、一种文化。提高人们的生活方式和质量，追求轻松、幽默、愉悦、积极的心理体验，是当代情感化产品设计的目标和方向。在当今这个情感匮乏的社会中，在人们对自然本性的迫切愿望中，设计师应该将设计作为人们情感表达和交流的一种依托，努力提高这种情感化的设计品质，营造良好的社会环境，让人们的情感能在设计的背后得到更多关爱与呵护。

5. 从自然材料中汲取产品设计创意营养

人们追求轻松的自然生活，在设计中追求天然材料，维护生态平衡的消费时尚日益盛行。顺应世界发展，迈向绿色设计时代，低碳就是现在最经典的名词。绿色设计源于人们对于现代技术文化所引起的环境及生态破坏的反思，体现了设计师的道德和社会责任心的回归。成功的“绿色设计”的产品来自设计师对环境问题的高度意识，并在设计和开发过程中运用了设计师和相关组织的经验、知识和创造性结晶。其设计主题和发展趋势围绕绿色设计的设计理念和方法，以节约资源和保护环境为宗旨，强调保护自然生态，充分利用资源，以人为本，善待环境。它的第一步便是材料的选择。绿色材料是指在满足一般功能要求的前提下，具有良好的环境兼容性的材料。绿色材料在置备、使用以及用后回收或再生等生命周期的各阶段，具有最大的资源利用率和最小的环境影响。绿色设计使用天然的材料，以“未经加工的”形式体现和运用在产品设计中。

在创意设计过程中，我们应运用现代的艺术表达方式用原生态材料把现代的科学技术精心地表现出来。比如产品创意设计过程中，很多产品可以以竹子为主导外壳材料。竹材相较于生长周期漫长的木材而言，是一种非常难得的天然绿色材料。竹子具有生命周期短、生长快速和利于回收的特性，3 ~ 4 年就可成材，且一根竹子可能繁殖出200 株竹子，其对于环境恶化、天然林存量甚低的我国来说，尤其值得开采利用。

我们应多对自然进行观察和逻辑推

理，揭示自然界的现象和实质，进而把握这些现象和规律，通过对大自然中的物理现象、化学现象、生命科学等的学习和研究探索，寻找设计创意灵感。比如我们可以利用雨水或是形成的冷凝水创意设计一些产品。再如我们可以借鉴人或物在运动的同时释放了很多能量的创意来设计一些产品。再比如，我们可以利用物理中光的反射和折射创意来设计一些产品。“The Intelligent Window”是笔者的智能窗设计，如图 2-10-4 所示。该设计围绕人对大自然的眷恋，通过多重感官的形式，将雨、雾、雪、森林的感觉在窗户上表现出来。你是否在万里晴空的天气里憧憬着浪漫的雨天？在酷暑的季节里幻想着凉爽的秋天或银妆素裹的冬天？又或者在城市的喧嚣和快节奏的生活中向往着清新的自然？那么这里的窗户设计，便能使你在足不出户的情况下，主动地去感受森林的清香，感受绵雨的静息……感受大自然的种种意境。它能够通过特殊的装置，使单调的室内环境丰富化。在双层的玻璃之间，可以在底部装置的控制下，形成雨水、冰花等效果，从而形成不同季节和天气的视觉效果，此外，该装置会依据用户选择的效果，释放出相应的空气分子和音响效果，从听觉和嗅觉上使模拟的环境更加逼真，从而让人全方位地体验自然环境和氛围。

图 2-10-4　智能窗户设计

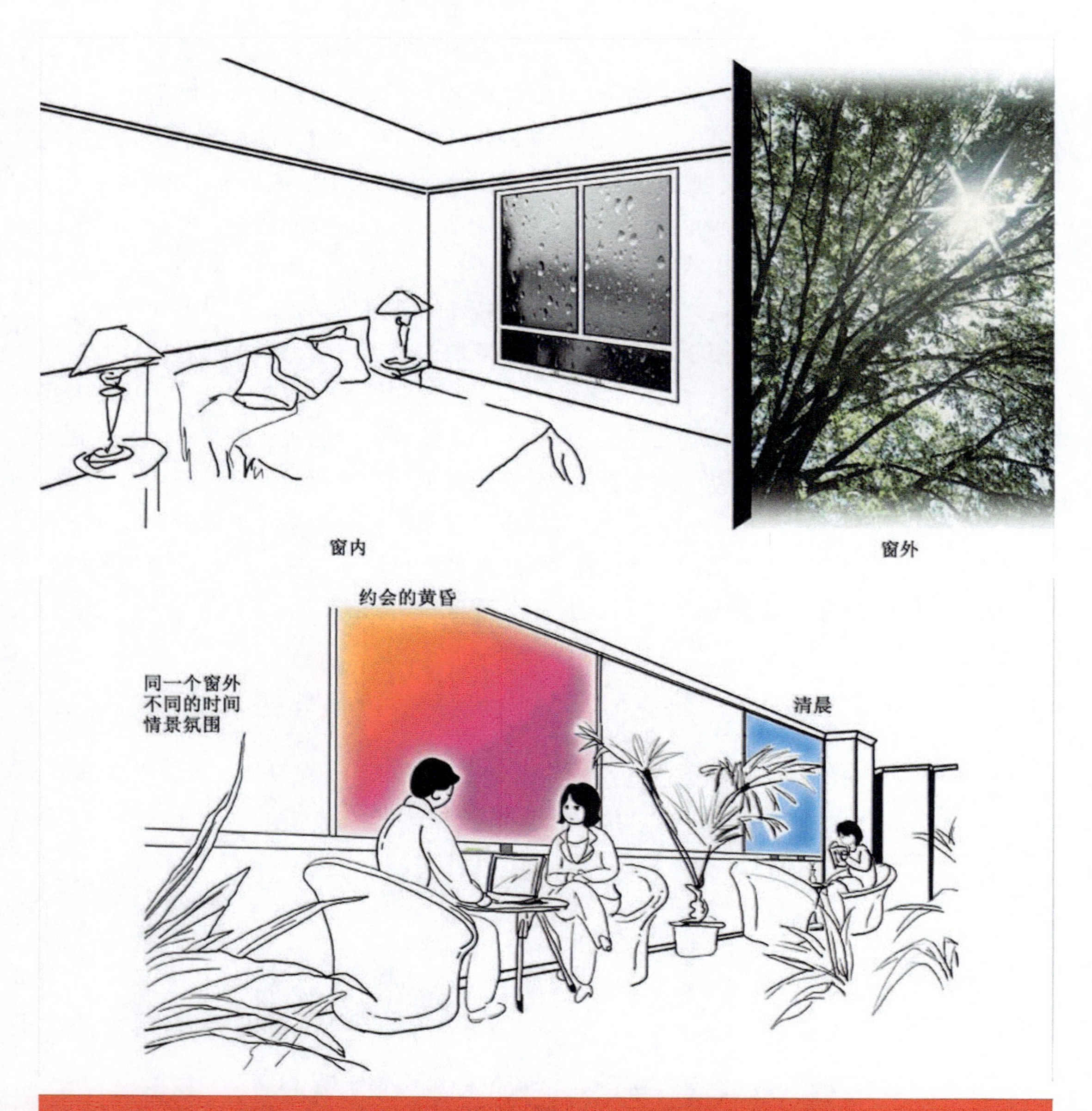

图 2-10-4　智能窗户设计（续）

产品设计近年来广泛宣扬的 4R 精神，即再利用（Reuse）、循环使用（Recycle）、减少浪费（Reduce）、再生能源（Renewable Energy），它倡导师法自然，在自然中寻求设计创意的方法和规律，正确的处理自然与人的关系，追求和谐、统一、平衡的境界。它值得当代设计师对其进行更深、更广的探索和研究。

笔者设计的一款太阳能薄膜窗帘，如图 2-10-5 所示，将太阳能转变为电能服务生活。

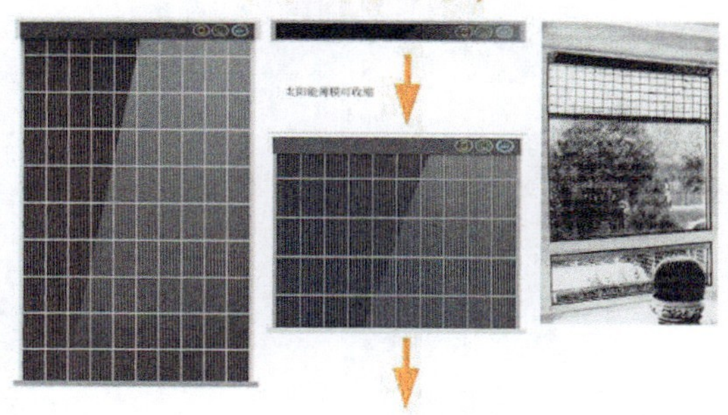

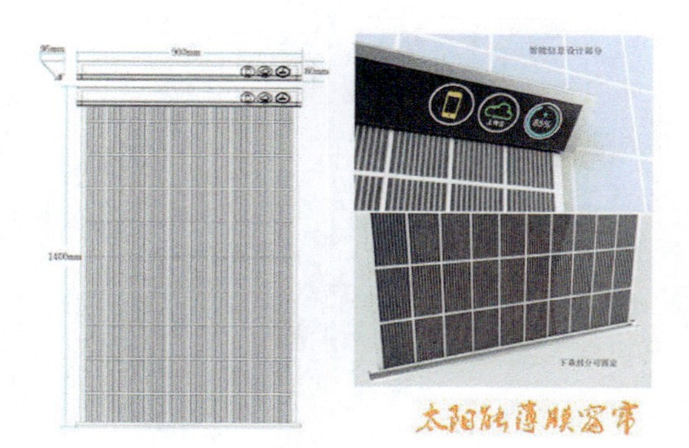

图 2-10-5　太阳能窗帘

人类利用风能旅行的历史已经很长，但大多局限于海上。两名致力于风能开拓的德国达人便将风能利用转嫁到了汽车旅行上，并利用这一绿色能源在澳洲土地上进行了一次环保旅行。目前，他们已经驾驶着这款风能汽车行走了 5000km 路程。这款轻量级汽车的直接驱动能源主要来源于蓄电池和风筝，而蓄电池的电能也是停车休整时通过附加设备收集风能转换而来的。风能汽车如图 2-10-6 所示。

图 2-10-6　风能汽车

如今，绝大多数的商家已将塑料购物袋替换成了更为环保的纸质购物袋，可这些购物袋除了盛装衣物外貌似并无它用。设计师从折纸上受到启发，对购物袋稍加改造并加装了一个挂钩，回家后把购物袋按照步骤折叠几下其便成为了一款环保衣架，这巧妙地解决了购物袋的后继回收问题。购物袋设计如图 2-10-7 所示。

图 2-10-7　购物袋设计

近日，美国佐治亚理工学院的研究团队宣称，他们已经研发出一种新型的塑料太阳能电池。与传统的太阳能电池外层需要厚厚的玻璃或昂贵的密封层相比，这种新型电池外层厚度在 1μm 之内。研究人员从稀释溶剂中获取聚合物，并对这种聚合物进行加工，就在导体表面形成了最终的外层。这种聚合物获取容易、环保、成本低廉，而且与现存的批量生产技术相兼容，因而可以令电子设备在塑料甚至纸制基板上制造，从而彻底改变了电子产品的生产要求。这种新型电池和现有的太阳能电池相比具有很大的价格优势，虽然目前研究仍处于初级阶段，但是相信它会成为未来太阳能产业的发展趋势。新型的塑料太阳能电池如图 2-10-8 所示。

图 2-10-8　新型的塑料太阳能电池

瑞士手表全球闻名，无论是质量还是外型，都独具魅力。这款由日内瓦一家设计公司推出的彩色系列“纸”表，外形简洁，没有一点儿多余的修饰，多彩的外观搭配小巧的 LED 显示器，十分时尚。最为特别的是，这款手表是由可降解的纸质材料制成的，十分环保。彩色系列“纸”表如图 2-10-9 所示。

图 2-10-9　彩色系列“纸”表

废弃的杂志，尤其是铜版纸印刷的大部分时尚杂志，除了返厂做纸浆外还能如何回收利用？设计师将它们从碎纸机里面“打捞”出来，塞入模具，灌注树脂，将其打造成了坚固耐用的家具！这些带有特殊纹路的柜子、桌子、茶几，从远处看上去，还颇有朴素的石材质感呢！“再生”家具如图 2-10-10 所示。

图 2-10-10　“再生”家具

作为大型家电产品制造商，伊莱克斯公司每年都需要消耗大量的塑料制品。为了响应环保的号召，它们发起了一项海洋塑料垃圾回收运动，呼吁人们关注海洋生态环境，唤起公众的环保意识。与此同时，伊莱克斯公司对收集来的塑料垃圾进行重新利用，制成了这款限量版的拥有五彩斑斓外壳的吸尘器。其中的彩色部分由回收塑料直接压制成型，省去了二次加工带来的污染。这款吸尘器70%的原材料来源于回收塑料，最大限度地将塑料垃圾“变废为宝”，不仅节约了资源，还打开了新产品的大门。“再生”吸尘器如图2-10-11所示。

图 2-10-11　“再生”吸尘器

在一次对可回收利用物品进行再设计的作业中，来自捷克的设计系学生推出了自己的构想，并将其设计成型。在他的设计中，使用完毕的可乐瓶被整合起来，并借助绳索的力量固定在一个底座上。如此一来，可乐瓶们便会组成一张带有弧度的舒适座椅。因为可乐瓶自身重量就十分轻便，所以把它们做成便携的沙滩躺椅供游客休息，着实是个不错的选择。“再生”椅子如图2-10-12所示。

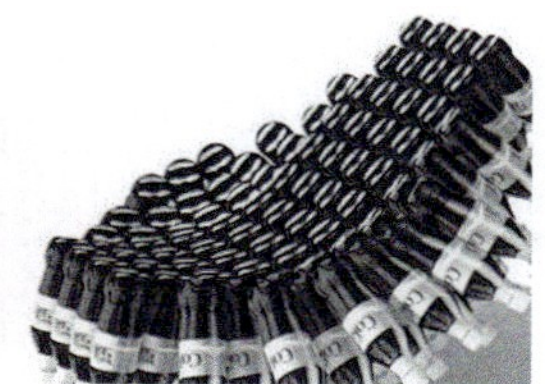

图 2-10-12　“再生”椅子

这些桌椅由伦敦设计师设计，它们由冻干的花朵编制而成。这种花为丝石竹属植物，花朵较小，茎脉细长，非常适合编织。在桌椅的制作过程中，这些植物材料首先需要和亚麻子油脂黏结在一起，然后放进铸模，需要几周时间将其冻干，最后才能成功造型。这无疑让城市里的人更亲近大自然。花朵编织的桌椅如图2-10-13所示。

图 2-10-13　花朵编织的桌椅

第十一节 公共产品设计表现

公共设施是由政府提供的属于社会的供公众享用或使用的公共物品或劳务。公共设施是满足人们公共需求、公共关系、公共安全的，供人们在公共空间选择的设施，如公共行政设施、公共卫生设施、公共体育设施、公共文化、娱乐设施、公共信息设施、公共交通设施、公共教育设施、公共绿化设施等。公共设施的人性化设计不仅给人们带来生活的方便，而且满足了人们的社会需求，规范了人们在公共空间的行为习惯。通过它们，人们可以更加了解和热爱自己所生活的城市。公共设施设计表达要素如下。

作为公共设施，设计时必须考虑到参与者与使用者可能在使用过程中出现的任何行为，以及公共设施对周围环境的影响。安全是第一位的。公共设施给人带来方便的前提必须保证其使用安全，安全就是信任。具体来说，就是要考虑儿童、老年人、残疾人等特殊人群与公共设施的关系。儿童的特征是好动、活跃；老人的特征是反应相对缓慢；残疾人的自我保护能力相对较差。针对这些特征，设计中要考虑到功能、材料、使用、结构、工艺等。从产品内在功能如信息、技术、性能等的安全，到操作、结构及产品外在形态的材料、工艺、色彩等的安全，都要考虑周全。图 2-11-1 所示为公共健身器械。

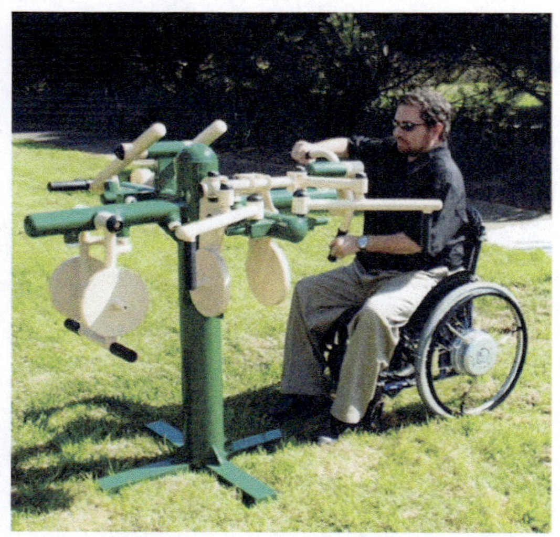

图 2-11-1 公共健身器械

（1）易用

通俗地讲，易用就是指“该产品是否好用或有多么好用”，它主要针对公共设施产品的使用功能。这是公共设施产品设计中必须考虑的基本问题。一个好的公共设施关键是能用、好用、方便。比如地铁车站的自动售票机，如何在最快的时间内辨别站点和路线，如何在最短的时间内操作买到从出发点到目的地站点的车票，货币的找零以及兑换如何处理，识别语言或者符号特征明不明显，都是在设计中需要考虑的因素。自动售票机与停车收费机设计如图 2-11-2 所示。很多人投掷垃圾后会不小心将一些垃圾掉在垃圾桶外面，但很少有人去捡起来。如果将公共垃圾桶的口设计成敞口或漏斗形状，并选择不会反弹的材质，那么“掉垃圾”的概率就会降低很多。

图 2-11-2　自动售票机与停车收费机设计

（2）系统

一般情况下，在公共文化娱乐区比如广场、公园、健身等场所要有休息的公共座椅、垃圾桶、区域照明等设施。整个区域围绕公共功能相应地要配套设施，这是一个系统设计。设计过程要跟踪体验用户的整个过程。比如到公园游玩的人，要考虑到他们休息时要吃或喝些东西，这样在公共座椅旁就要配垃圾桶，再比如公用电话的位置要有公共照明等。另外，还要考虑设施的便利性、标识性，如公共卫生间要有指示说明，各个公共服务站之间要介绍关联性等，以形成统一风格、形象的一个整体。

（3）美观

公共设施的美观特征明显，其新颖、悦目、优雅大方的形态不但能增强人们的精神享受，也是宣传城市精神面貌的平台。一个设计合理且极具美感的公共设施，不但可以有效地提高其使用的频率，而且可以增进市民爱护公共设施、爱护公共环境的意识，增强市民对城市的归属感和参与性。随着人们对环境质量要求的提高，人们对这些功能设施提出美观的要求，于是这些功能设施成为了城市中的艺术小品。在设计中，把公共设施的功能与造型、色彩、质感等巧妙地结合起来，可以为环境增添丰富的色彩和优美的造型。这满足了人们追求精神文化的需求，反映了城市居民的艺术品位和审美情趣，使城市充满了艺术氛围和文化韵味，如图 2-11-3 所示的候车亭和图 2-11-4 所示的公共座椅。

图 2-11-3　候车亭设计

图 2-11-3　候车亭设计（续）

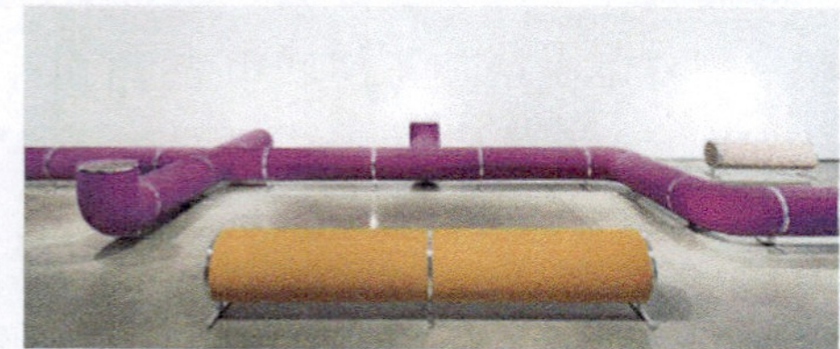

图 2-11-4　公共座椅设计

（4）情感

公共设施在实现其物质功能的同时也具备精神功能，这是对使用者心理情感需求的考虑。公共设施应体现一种轻松、幽默、诙谐的格调。它们点缀着城市的表情，提升了城市的亲和力，如图 2-11-5 所示的趣味性的公共设施。

图 2-11-5　趣味性的公共设施

图 2-11-5　趣味性的公共设施（续）

（5）特色

我们去不同的城市会发现地铁、电话亭、车站等公共设施外在形态各有不同，都或多或少地体现着城市的特色，而城市的风貌是地域文化的集中体现。城市风貌中除了自然景观、建筑景观外，体现特征媒介的平台就是公共设施了。公共设施设计要考虑人与所在地域环境的关系，抓住城市的地域、人文、文化特征。它是沟通这一地域特征的最好载体，设计者应根据其所处的文化背景、地域环境、城市规模等因素的差异，对相同的设施提出不同的解决方案，使其更好地与环境“场合”相融合，使人与环境及产品和谐统一。它不仅延续着城市的历史，塑造着城市形象，完善着生活环境，还承担着一定的城市文化职能，如观赏、教育、展示、交往等，而且起着塑造城市特色景观、体现城市文化氛围等的作用。公共设施包含着设计者和使用者的美学观念和所处城市所赋予的文化内涵。如北京雍和宫地铁站，雍和宫以及周边地区是中国文化的思想库，具有很强的民族性，是包涵文化理念的游览胜地，所以宣扬中国思想文化，对中国味道的强化是其设计重点。雍和宫地铁站的立柱全部采用正红色，护栏全都采用汉白玉雕花制成。雕花护栏在错层之间一字排开，图案包括龙、牡丹等中国传统图案。此外，站内的两张巨幅镀金壁画将车站装饰得金壁辉煌，极具东方神韵，如图 2-11-6 所示。

图 2-11-6　中国味道的公共设施

（6）通用

公共设施更多地强调参与的均等与使用的公平。通用设计又名全民设计、全方位设计或通用化设计，系指无须改良或特别设计就能为所有人使用的产品、环境及通信。它所传达的意思是：如果能被失能者所使用，就更能被所有的人使用。也就是说，我们设计及生产的每件物品都能最大限度地被每个人公平地使用。设计者应具体、深入、细致地体察不同性别、年龄、文化背景和生活习惯的使用者的行为差异与心理感受，而不仅仅是对行为障碍者、老年人、儿童或女性人群表现出“特殊”关照，如图 2-11-7 所示的无障碍电梯。

图 2-11-7　无障碍电梯

（7）信息

当今人们已经全面进入信息、科技时代，城市建设飞速发展，计算机智能化和信息综合化已经应用到各个领域，服务民众与社会，更方便、更快捷、更贴心地满足时代步伐下的各种公共需求。西安地铁 2 号线提示信息设备如图 2-11-8 所示。

图 2-11-8　西安地铁 2 号线提示信息设备

麻省理工学院推出了互动形式的候车亭，如图 2-11-9 所示。

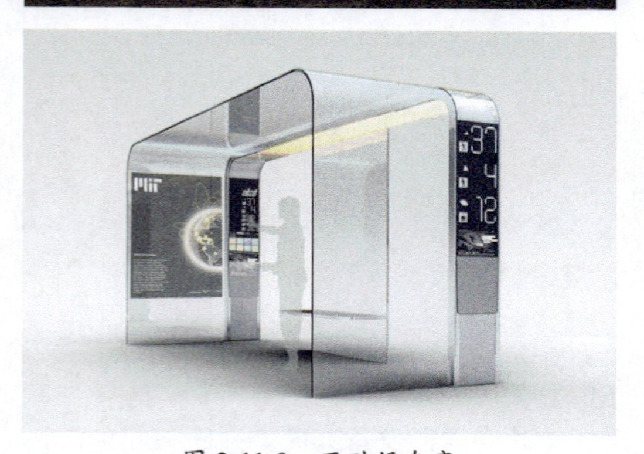

图 2-11-9　互动候车亭

（8）合理

公共设施的功能特征要明显，其行业特征要鲜明、突出，并且其人机、材料、空间、色彩的运用要适合环境需要等。如广场、公园的公共座椅设计，在使用功能方面要考虑其目的是满足行人暂时休息的需要，其人机要素设计应围绕怎样让人既得到休息和缓解又让人不长久依赖、占位在有限的座椅空间不走展开。材料方面的选择要注意设施使用的场地，在室外的设施，选用的材料要经得起风吹日晒、雷电雨打等自然界的侵蚀，甚至人为的破坏，最大限度地适应外部环境的需求。此外，由于是公共环境，还要考虑设施的耐久性、制造成本及维修费用、加工工艺、大众审美以及环保理念等，公共座椅设计如图 2-11-10 所示。

图 2-11-10　公共座椅

图 2-11-10 公共座椅（续）

美国旧金山一些街区的居民们正在进行一项十分特别的游戏比赛：比赛的场地设在附近的公交车站，参与的选手先要选择好所要代表的街区，然后便可以在大型触摸屏上一展自己的游戏水平。这些互动游戏设施由雅虎公司提供，分布在 20 个公交站点，如此有趣的新鲜事物不仅让“等车”变得有趣起来，同时也吸引了不少附近的居民，拉进了不同街区居民之间的感情。互动公交站如图 2-11-11 所示。

图 2-11-11 互动公交站

这款便捷路灯可以借助简单的配件，或悬挂在横杆上，或固定在树木、墙壁上。它采用风能供电，无须额外连接电源或是电池，只要大风吹过，路灯就会旋转、发亮，如果您身处风能资源丰富的地域，即使在 820 英尺的距离也清晰可见。风能供电的路灯如图 2-11-12 所示。

图 2-11-12 风能供电的路灯

图书馆的规模与名声大小常常与馆内藏书多少有关，然而，电子信息化时代的人们是否真的还需要纸质图书呢？在美国的圣安东尼奥市的贝克萨尔小镇，这里即将诞生世界上第一家以电子图书代替纸质书籍的“无书图书馆”，读者可以从这里借取电子书阅读器来读书，也可以将它带回家。至于防盗措施，该馆负责人称，如若 2 个月内没有归还，电子书将会“自我毁灭”，变得对读者没有任何价值。电子图书馆如图 2-11-13 所示。

图 2-11-13　电子图书馆

逛街或是逛公园走累了想坐下休息时，往往会碰到这样的情况：长椅上确实有个空位，但是空间有点小，刚好让人坐不下。这款公共座椅底部带有一个可以朝不同方向拉动的轴，让使用者能够自由选择座椅的朝向，这恰好可以解决上述问题，同时还能让您和陌生人保持适当的距离，以减少尴尬。该款设计如图 2-11-14 所示。

图 2-11-14　共座椅

城市环境的美化需要每个人积极贡献自己的力量。针对公共场所下水道容易堵塞和散发恶臭的问题，这位设计师提出了“双层过滤”概念的下水道。这种下水道比常见的下水道过滤装置多了一层阻隔网，因而不仅能够成功拦截树枝、树叶，也能够防止腐烂的垃圾或泥土落入下水道。除此之外，在阻隔网中还可以添加除臭装置，有效净化附近的污浊空气。如图 2-11-15 所示。

图 2-11-15　下水道设计

两名热衷交友也尊重私人空间的设计师合作设计出了这款公共座椅。这款公共座椅套装标配 4 张椅子和 1 张长桌，使用方法与其他普通产品相比并无特别之处。只不过，若是想要在公共领域发掘一丝私人空间，那只要将座椅座位翻转，您就能在四人桌上开发出一张背对众人的靠椅，找到一块儿小小的私人空间，不必跟陌生人尴尬地面对面。该设计如图 2-11-16 所示。

图 2-11-16　公共座椅

设计实践

思考并练习

1. 设计创新一款饮水用的器具。

2. 根据读者的家乡风情，设计一款旅游纪念品。

3. 设计一款映射中国文化的家电产品。

4. 利用可回收材料设计一款生活用品，如灯具、坐具、器具等。

第三章　产品形态表达

第一节　“膨胀”形态表达

产品的形是指空间和造型艺术的结合，形是营造主题的一个重要方面，主要通过产品的尺度、形状、比例及层次关系对心理体验的影响，让用户产生拥有感、成就感、亲切感，同时还营造必要的环境氛围，使人产生夸张、含蓄、趣味、愉悦、轻松、神秘等不同的心理情绪。

设计线条经常以“弓形”态势进行塑造，通过扩张的曲线来表达其轮廓，增大产品的体积以及形态的视觉张力，给人以饱满的膨胀感。在产品外观设计中，这种造型形态偏多，表达过程注重产品造型的整体性、简洁流畅，避免零散的结构出现。

圆形和椭圆形能显示包容，有利于营造完满、活泼的气氛。在色彩方面，高明度、暖色调，在视觉上能够更加突出产品的膨胀感。膨胀感产品表现如图 3-1-1 所示。

图 3-1-1　膨胀感产品表现

图 3-1-1　膨胀感产品表现（续）

第二节　“曲线”形态表达

产品形态作为传递产品信息的第一要素，它能使产品内在的质、组织、结构、内涵等本质因素上升为外在表象因素，并通过视觉使人产生一种生理和心理过程。所以，对于设计师而言，其设计思想最终将以实体形式呈现，即通过创意视觉化，达到其再现设计意图的目的。因此，从一定意义上可以说，设计师通常利用特有的造型语言进行产品形态设计，并借助产品的特定形态向外界传达自己的思想与理念，使得自己设计的产品得以推广。

用自由曲线创造动态造型，有利于营造热烈、自由、亲切的气氛。特别是自由曲线，对人更有吸引力，它的自由度强，更自然，也更具生活气息，创造出的空间富有节奏、韵律和美感。流畅的曲线既柔中带刚，又能做到有放有收、有张有弛，完全可以满足现代设计所追求的简洁和韵律感。曲线造型所产生的活泼效果使人更容易感受到生命的力量，激发观赏者产生共鸣。产品只有借助其所有外部形态特征，才能成为人们的使用对象和认知对象，发挥其自身的功能。

从很早以前开始，设计师们对曲线就有特殊的喜好，各种曲线的产品层出不穷，产生了多姿多样的曲线曲面的设计。

奥地利设计师 Philipp Aduatz 的家居作品融合了自然与艺术的元素，甚至有一些还带有几分雕塑的意味，感觉好像是来自未来的设计。他的新作——Spoon Chair（汤勺椅子），结合了力学原理及材料构造，使人能够比较舒适地坐在上面，如图 3-2-1 所示。

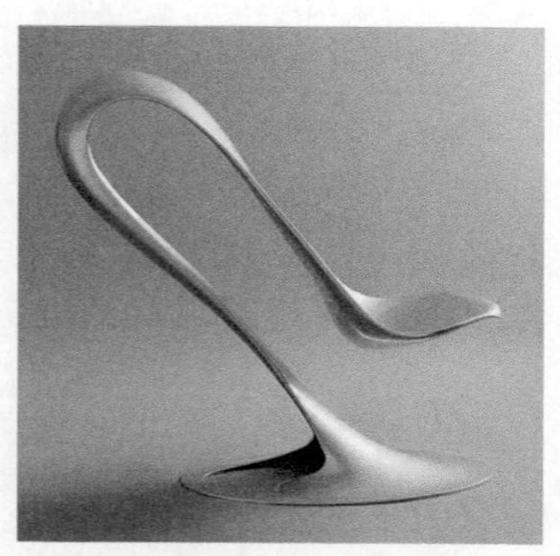

图 3-2-1　Spoon Chair(汤勺椅子)

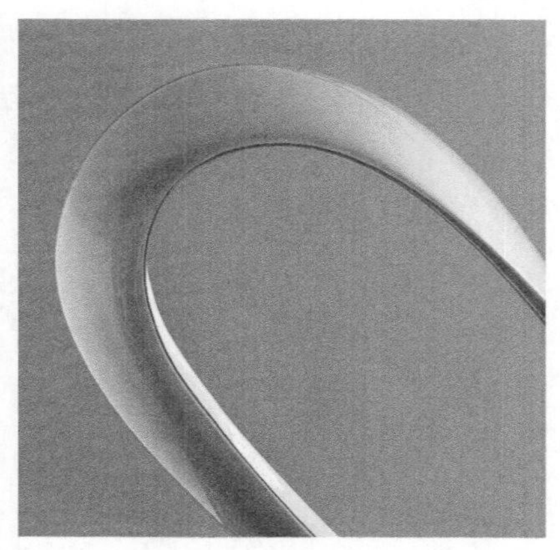

图 3-2-1　Spoon Chair(汤勺椅子)(续)

这张哥本哈根椅子由设计师 Alvaro Uribe 设计，材料为橡木和榉木胶合板，造型具有动感和力量。自然的曲线衬托了木质天然的纹理和制作的工艺技术，如图 3-2-2 所示。

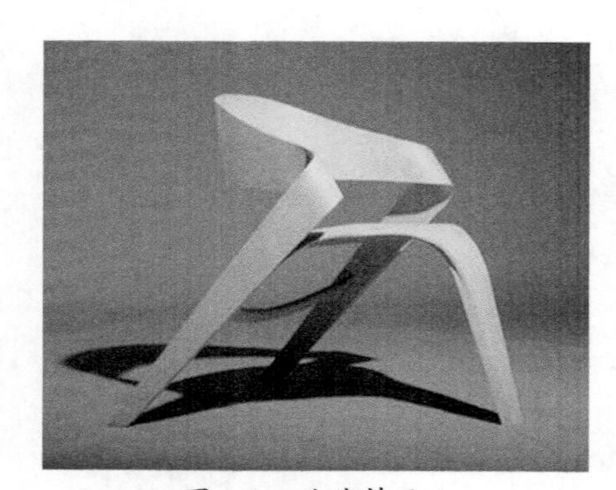

图 3-2-2 曲线椅子 1

“enignum”和“erosion”系列是自学成才的爱尔兰设计师 joseph walsh 的作品。这两组作品将艺术和手工艺结合起来，每件作品都由现成的原木雕琢加工而成。设计师并没有在材料上强加一个既定的最终形态，只是将木材粗糙的外皮剥离，将它们调整成可以使用的家具。自由的形态组合来自木材本身的特质，设计师只是将这些元素重组，设计成一个具有功能性的家居产品，如图 3-2-3 所示。

图 3-2-3　曲线椅子 2

再看其他以曲线为形态特征塑造的产品，都彰显着艺术的魅力，如图 3-2-4 所示。

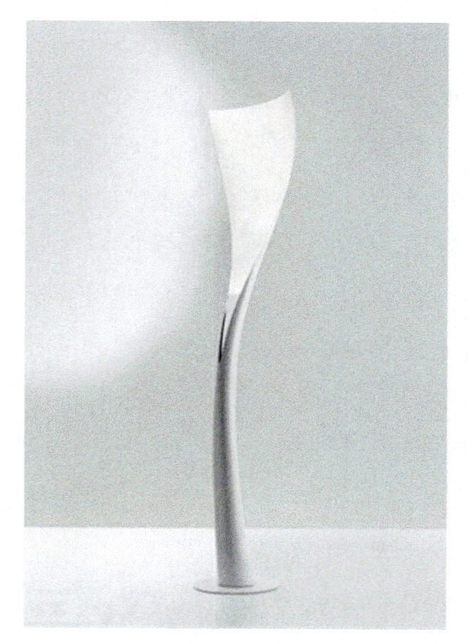

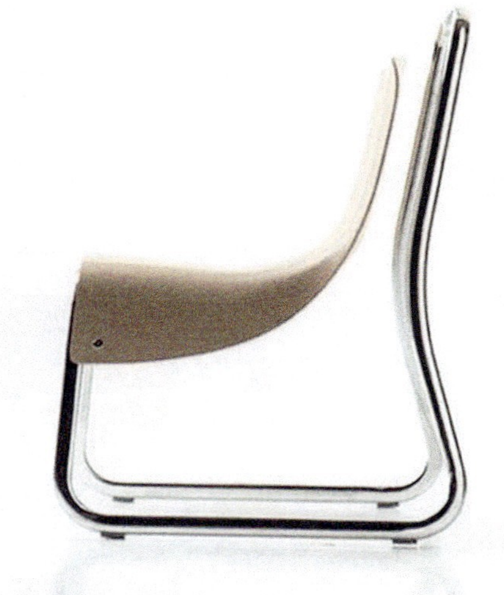

图 3-2-4　曲线形态产品

图 3-2-4　曲线形态产品（续）

第三节 “残缺”形态表达

残缺美是我们经常在艺术作品上看到的一种审美形式，自然、历史、技术和表现需要都是其产生的原因，而它本身又具有引人注目、令人感到悲壮并产生联想等艺术特点。在艺术中，大量存在着因“残缺”而获得独特审美魅力的作品，有神秘感、特色感，我们把它称之为“残缺美”。所谓“残缺”，主要指艺术作品从外形、色彩、肌理、材质等方面具有一定的缺憾，或不完整，即通常所指的欠缺或不够完备。“残缺美”因其审美风格之独特，给我们留下了深刻印象。“残缺”形态产品如图 3-3-1 所示。

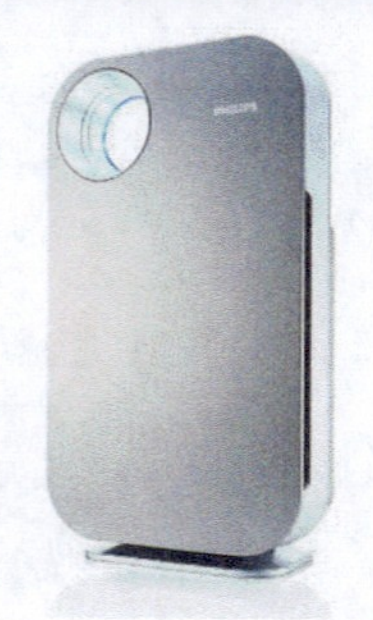

图 3-3-1 “残缺”形态产品

图 3-3-1 “残缺”形态产品（续）

第四节 “玲珑”形态表达

玲珑，词语原意为娇小灵活。随着科技的日新月异，产品也变得精巧细致。产品设计的表达需要突出视觉冲击力，那么就要研究视觉也就是人的眼睛。当眼睛注视某一目标时，非注视区所能见得到的范围是大还是小，这就叫周围视力，也即人们常说的“眼余光”。一般来说，正常人的周围视力范围相当大，两侧达 90 度，上方为 60 度，下方为 75 度。在颈部不动的前提下，人的眼睛的周围视力应囊括产品的整体轮廓，而要使产品尽收眼底，设计就要表达得很精致，注重细节品质。一般体积小的产品要设计得玲珑小巧，精彩地展现有主有次、有进有退、耀眼炫丽的产品特色。“玲珑”形态产品如图 3-4-1 所示。

图 3-4-1 “玲珑”形态产品

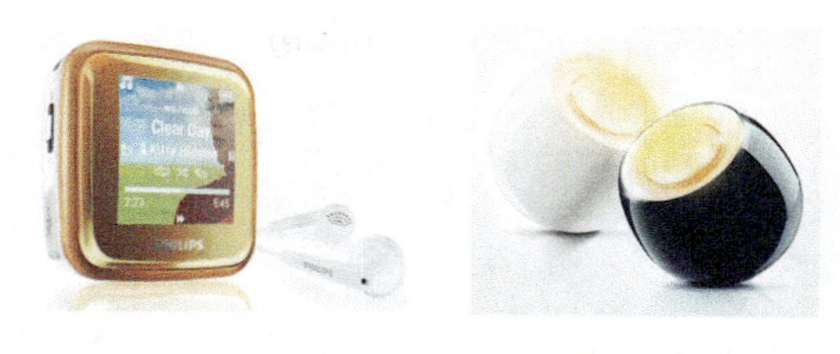

图 3-4-1　“玲珑”形态产品（续）

英国设计大师克莱夫·辛克莱尔倾力设计了一款全球最轻、最小的折叠自行车。其轮胎的直径仅仅为 15cm，而且为免充气特种 PU 轮，整车净重仅 6kg，极为方便，如图 3-4-2 所示。

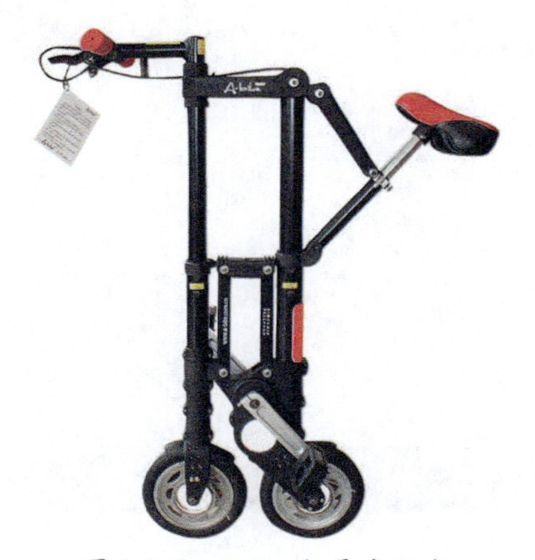

图 3-4-2　Abike 折叠自行车

第五节　“前瞻”形态表达

前瞻是指向前看。通过分析、判断、调查、研究，在理性的推理指导下形成有预知的构想。时代环境的变化使人的需求也越来越广、越来越细致。随着科技时代的到来，电子、信息、新技术、新领域、新材料更是不断地交替和更新。产品的前瞻设计引领着时代的发展，体现着人们对设计的探索和追求。

这款零排放的宾利概念车由电力驱动。全车十分注重空气动力设计，采用了将扰流板集成在悬挂系统上的独特结构。这款纯正的概念赛车，既充满了力量和野性，又不失精致和优雅，如图 3-5-1 所示。

图 3-5-1　宾利概念车

奔驰 Biome 概念车由美国加利福尼亚州卡尔斯巴德的奔驰先锋设计中心操刀设计，其车长 4020mm，宽 2500mm，车身宽度超过奔驰 GL，长度和高度却不如奔驰 C 和 SLK。这款四座车型内部采用钻石形四座布局，驾驶席位设于前排中央，2 个乘客席布置在稍微靠后的两侧，第 4 个座椅设置在后面。车身由生物纤维材料制造，重量仅为 875.5 磅（约合 397.47kg）。该车动力系统很是令人惊异，是一种被称为 BioNectar4534 的液体化工材料，而排出的“废气”是纯氧。奔驰 Biome 概念车如图 3-5-2 所示。

图 3-5-2 奔驰 Biome 概念车

法国设计师设计了一款概念游艇，其流线形网状身躯，宛如来自科幻电影，让我们提前体验到未来产品给我们带来的震撼，如图 3-5-3 所示。

图 3-5-3 概念游艇

第六节　“动与静”形态表达

在中国哲学史上，大多数哲学家都肯定天地万物的运动和变化，认为动与静是运动变化过程中的两个方面，二者相互依存、相互蕴含、相互转化。“动与静”形态产品如图 3-6-1 所示。

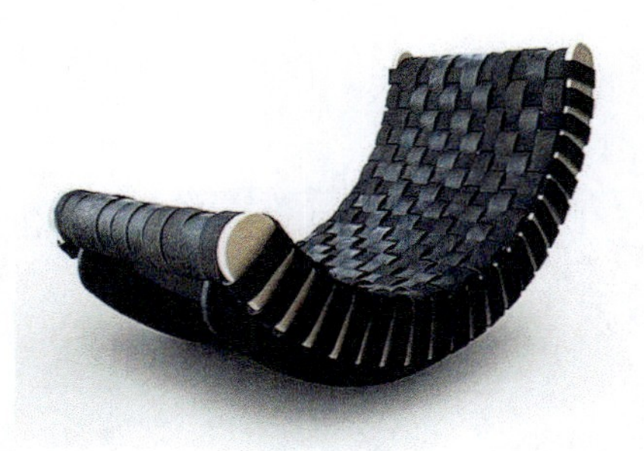

图 3-6-1　“动与静”形态产品

不停摇动摇篮哄宝宝睡觉或许是个幸福而又辛苦的工作。这款产品出人意料地将摇篮和摇椅整合在了一起，让您可以一边在摇椅上悠闲看书一边哄宝宝睡觉。用摇椅带动摇篮晃动也可以省力不少，真是一举多得。如图 3-6-2 所示。

图 3-6-2　摇篮、摇椅整合产品

设计实践

思考并练习

1. 根据“曲线”形态设计一款家具。

2. 将“动态”与“静态”的造型交叉变化应用到生活产品设计当中。

3. 浅谈“前瞻”形态与企业之间的关系。

第四章　产品设计方式方法

第一节 信息

产品设计中，信息的传递是重要环节，信息设计是人们对信息进行处理的技巧和实践，通过信息设计可以提高人们应用信息的效能。语言符号的传递、图形学、色彩学一一表达在载体上，通过信息实现受众用户与设计师之间的沟通。

信息产品是指运行在智能手机、平板电脑、PC 等设备上的具有产品形态的各种智能程序和网络应用。随着互联网技术的发展，信息产品已嵌入家电、厨具、汽车等日常产品中，如互联网电视、可穿戴设备、智能汽车等，成为全行业发展的强劲动力。信息产品的设计，需要创新的头脑、跨学科的知识、实践操作能力与全球化的视野。

这个外形酷似手表、小巧玲珑的臂带实际上是一款非常高效的“信息处理器”，它每分钟可以收集大约 5000 个数据值，实时监测使用者的身体状况。这款臂带在与皮肤接触的位置上配备了 4 种不同的传感器，用以监测运动、热量消耗、睡眠情况等不同信息。通过将这些信息数据化并进行，该设备还可以向用户提供饮食建议或运动方案，帮助人们更好地管理健康生活。“信息处理器”手表如图 4-1-1 所示。

图 4-1-1 “信息处理器”手表

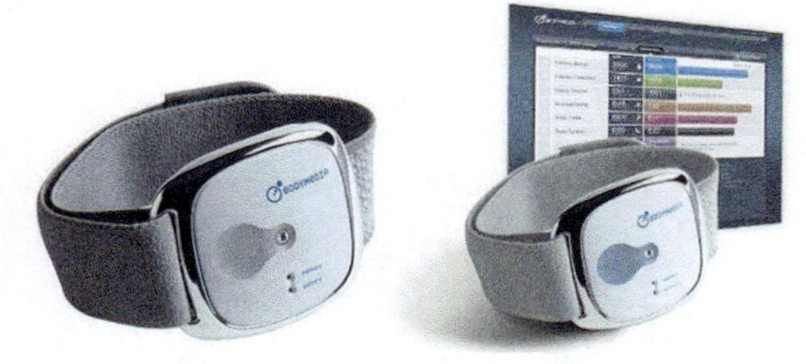

图 4-1-1 “信息处理器”手表（续）

为安全设计的各式转向手套、腕表或背心等都是骑行爱好者的智慧结晶。这款由澳大利亚某实验室的骑行爱好者设计的智能头盔更是体现了良好的人机交互理念和以人为本的安全性考虑。头盔外部的五彩 LED 灯配合内置加速计，可根据佩戴者的动作，如急停、转弯、减速等变幻出五彩斑斓、炫彩夺目的光色，起到了良好的信息传递及警示作用，效果相当抢眼呢。智能头盔如图 4-1-2 所示。

图 4-1-2 智能头盔

在人们因为地震、矿难等天灾人祸而被围困、无法脱身的时候，最重要的莫过于尽一切可能坚持信念、实施自救、等待救援。相比起体型较大的人类来说，聪明的救援犬可以凭借其先天优势率先进入遇难者所处区域，给他们带来希望。而这款救援犬外套，便是为了让遇难者与外界有效沟通而设置的。人们可以通过救援犬外套上的装置输入信息、录制图像，可以让救援人员知晓遇难者的伤势和精神状况，并向遇难者传递自救信息，让遇难者能够在救援队施救之前获得鼓励、根据专业指示保护自己，坚持到最后。救援犬外套如图 4-1-3 所示。

图 4-1-3　救援犬外套

这枚仅有硬币大小的健康检测器（见图 4-1-4）可随时收集佩戴者身体活动积极性的数据，只需将其放在手机屏幕上便可与手机应用同步，为佩戴者提供科学的健康数据分析与运动意见。此外，检测器的外观与功能设计也堪称精品，圆润的造型可与任何衣物百搭，隐藏于外壳下的 LED 等可为活动积极度提供指示，而磁性凹槽则方便您将其放在领口、裤兜或者佩戴在手腕上，内置的电池可保持它持续工作 6 个月之久。

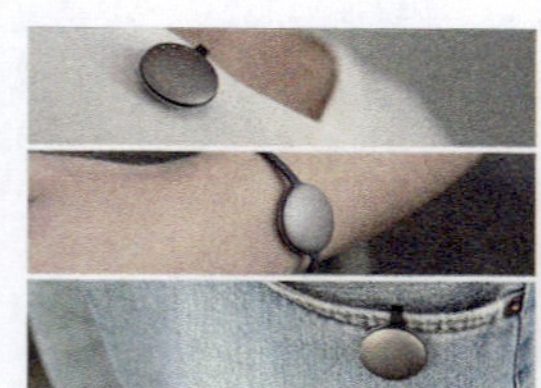

图 4-1-4　健康检测器

第二节　互动

产品设计中，互动设计是一个新的领域。交互体验是审美以及文化、技术和人类科学的融合。人类的生活就是一个互动的生活。从出生开始，我们就和其他人以及我们所处的环境，使用我们的感官、我们的想象、我们的情感以及我们的知识直接进行互动。从用户角度来说，交互设计是一种让产品易用、有效而让人愉悦的技术，它致力于了解目标用户和他们的期望，了解用户在同产品交互时彼此的行为，了解“人”本身的心理和行为特点。同时，还包括了解各种有效的交互方式，并对它们进行增强和扩充。交互设计还涉及多个学科，以及和多交互设计领域多背景人员的沟通。

设计以人为本，很多好的设计是由设计师与受众者共同完成的，这种共鸣就像一首朗朗上口的歌曲，就像顺应观众所期待的结局演绎的电影，就像由操作者来决定故事结局的电子游戏。

这两幅趣味街头绘画是意大利艺术家 Caiffa Cosimo 的代表作之一，他擅长将街头绘画转变成真正与路人或街边事物互动的艺术。比如图 4-2-1 中的正在绘制斑马线的粉刷匠，你是不是很难想象他仅仅是一幅画中的人物？

图 4-2-1　趣味街头绘画

图 4-2-1　趣味街头绘画（续）

虽然不同类型的家用电器功能各不相同、外观也不尽一样，但如果将它们拆解开来，你便会发现它们彼此之间如此相似。埃因霍温的设计师基于乐高模块化理念，设计了一套可自由组装的家用电器，包括连接模块、加热模块、照明模块、动力模块等，并将它们加以拼装，DIY 出多种电器，如吹风机、电风扇、投影仪、热水器、干燥机等，十分节约资源，而且当有部件损坏后，只需将该部分替换即可，从而避免了资源浪费。模块电器如图 4-2-2 所示。

图 4-2-2　模块电器

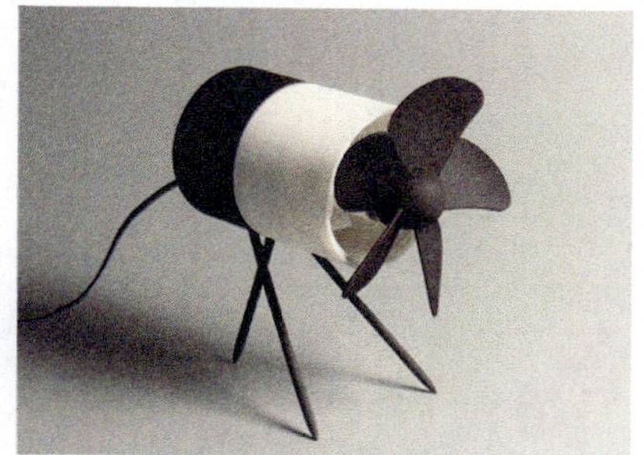

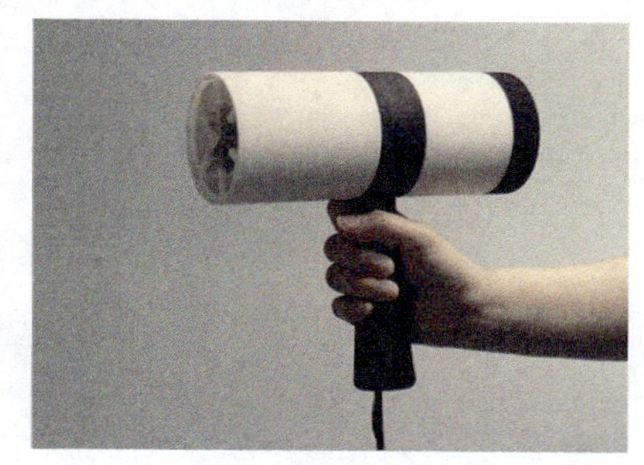

图 4-2-2　模块电器（续）

这款烧瓶造型的小灯是一款感应灯。只要我们对它挥挥手，便可发生魔术般的神奇变化。将手掌在灯的上方拂过，便可以对灯进行开关控制，而手掌在灯上方做垂直移动时则可以调整亮度，手向下灯则会变暗，向上就会变亮。互动灯具如图 4-2-3 所示。

图 4-2-3　互动灯具

这幅3D动态“静物图”由美国艺术家利用虚拟三维技术创作而成。他首先将一台液晶屏封装于木质画框中，再通过利用重力感应技术控制画作：当画框旋转时，所“画”的静物便如同失去平衡一般翻滚、跌倒、碰撞，给人以假乱真的视觉效果。如此有趣的互动式画作不仅拉近了观赏者与画作本身的距离，打破了艺术与技术间的界限，同时也激发了我们探索的兴趣。动态“静物图”如图4-2-4所示。

图4-2-4　动态“静物图”

由作者与学生一起设计的家具，通过连接结构将每块板材组成书架、躺椅、桌台等家具，使用者可随心所欲地将其变化成需要的造型和功能。模块家具如图4-2-5所示。

图4-2-5　模块家具

笔者设计的这款灯具，可作为手电筒照明工具和便携照明灯、壁灯使用。其内置折扇型设计可作为灯罩使用，使光源产生不同效果。折扇合拢时是一款外观精巧的手电筒照明工具；折扇打开形成百褶圆形，如绽放的花朵，可作为便携照明灯或壁灯使用。现代简约的设计不失浪漫情怀，光感温馨柔和，而且可根据造型的变化营造出不同的光照效果及气氛来满足用户的需求，十分人性化。太阳能充电板与灯身一体，节能环保，美观大方。如图 4-2-6 所示。

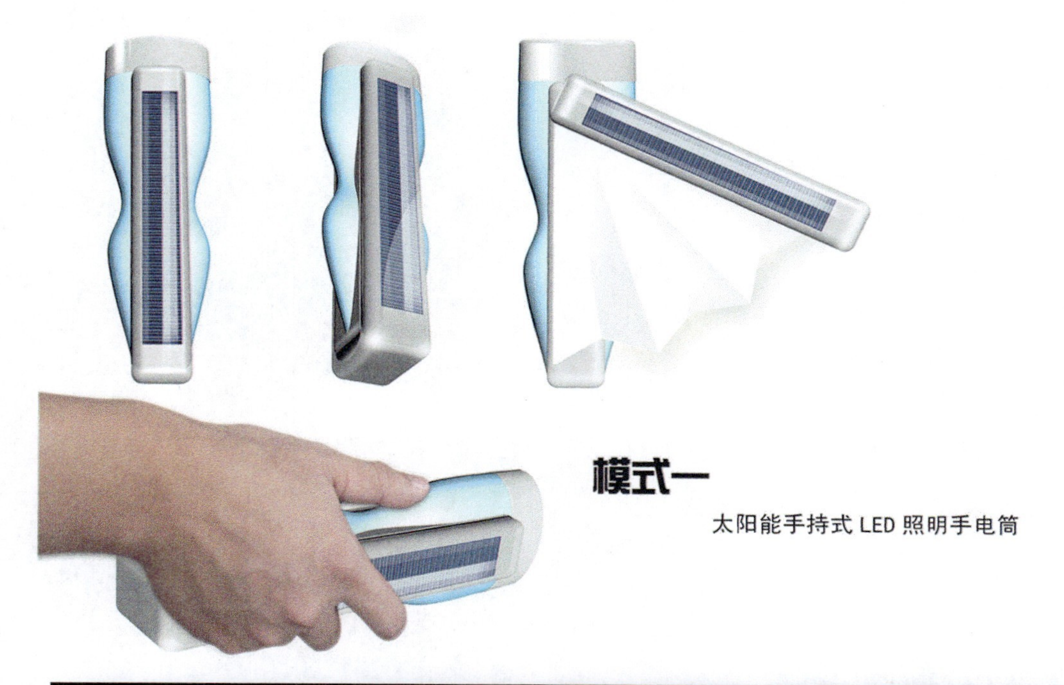

模式一
太阳能手持式 LED 照明手电筒

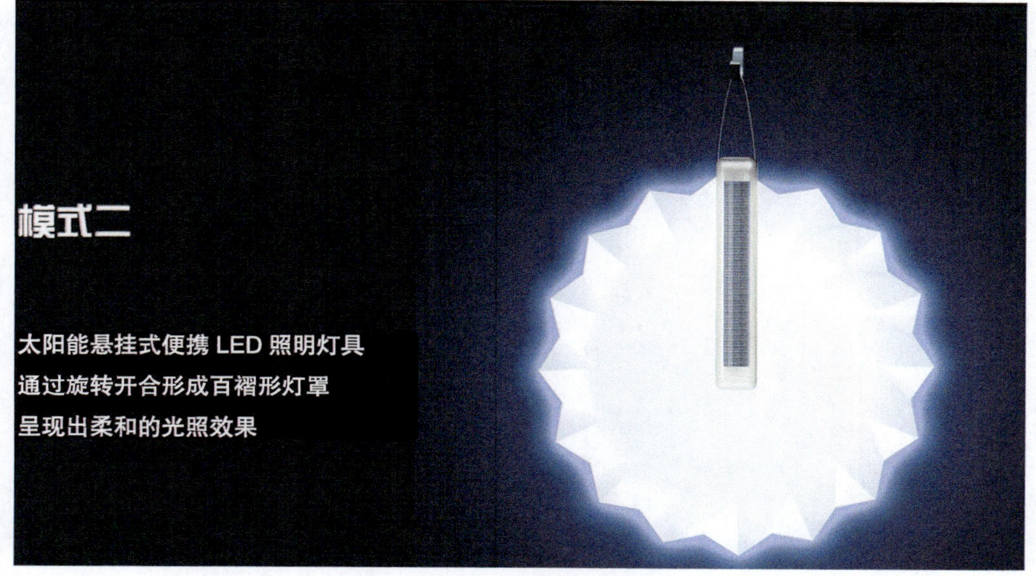

模式二
太阳能悬挂式便携 LED 照明灯具
通过旋转开合形成百褶形灯罩
呈现出柔和的光照效果

图 4-2-6　多变的灯具

第三节 生命

人生无常，世事难料。在现实生活中，许多意外状况常常让我们防不胜防。设计是以人为中心，为生存而设计，为保护生命而设计，例如，救援工具设计。时间就是生命，灾后救援，就是和时间赛跑。当生命探测仪探测到生命迹象，然而经过十几个小时的挖掘却只找到逝去的生命，该是多么令人无奈和遗憾！所以，救援工具的改进升级和发明创造，是永无止境的。

设计救助产品是对自己和他人生命的一种珍重。Kingii 号称世界上最小尺寸的救生气囊，它绑在手腕上基本不会阻碍激烈的户外运动，也不会像头盔等捆绑在身上的救生设备那样存在潜在的安全隐患。仅需 1 秒钟，气囊便会膨胀至最大，并提供把手帮助人们把持，在不小心落水后抱住它就好啦！Kingii 救生气囊如图 4-3-1 所示。

图 4-3-1 救生气囊

救助落水者最难的一步或许就是把他们从水里拉到安全的地方。这艘充气筏有着非常特别的开放式尾部设计，当救援人员将落水者拉到船尾后，需要使充气筏头部向上翘起，用尾部的甲板与两个人身体的重量把落水者“撬”起来，这样就省得落水者再费力气爬进船内，也能预防船体侧翻，真是非常棒的设计。该款救生充气筏如图 4-3-2 所示。

图 4-3-2 救生充气筏

皮肤被严重烫伤，受伤后的 30 分钟内必须采取相应措施冷却伤口，做好这一步可以为后来的进一步救助打下良好基础。

这款急救包就是为烫伤者准备的，它一共有 5 层，除了最外层的保护膜和最里层的消毒绑带外，中间 3 层分别为固定伤口的弹性绑带、冷却设备、负责冷却伤口的水凝胶。在烫伤部位绑上急救包之后，受伤皮肤温度会迅速冷却至 12℃～ 15℃，保证能做好第一手急救工作。该款急救包如图 4-3-3 所示。

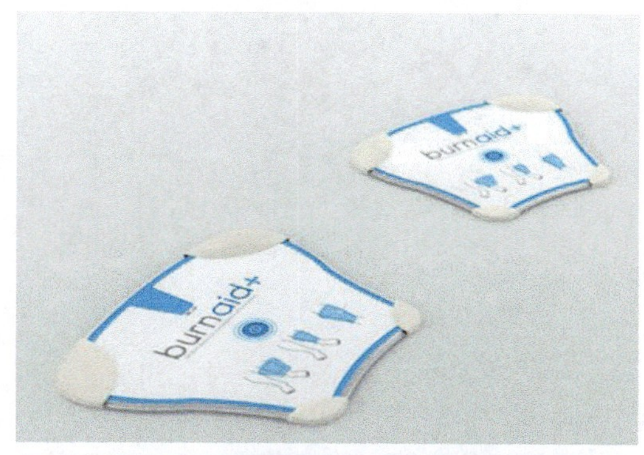

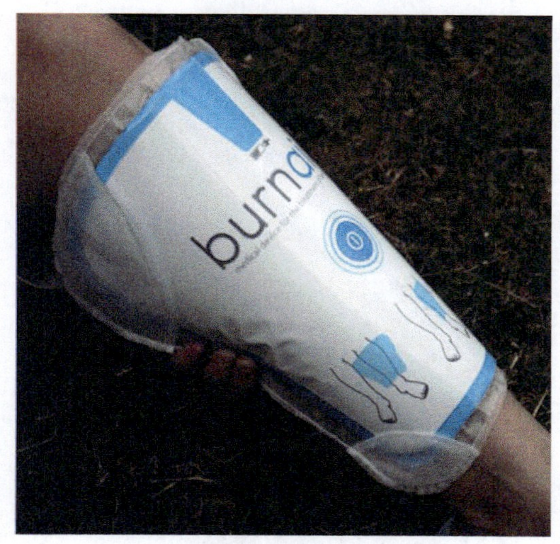

图 4-3-3　急救包

第四节　方式

“设计是生活方式的设计”这句话是索特萨斯说的，阐述的是消费与设计的关系，是设计与生活方式的关系。产品设计中形成的新的使用方式或者这种新的产品导致人的使用方式的改变，好的设计可以引导一种积极向上的生活方式，是在表达一种生活态度。

方式设计是一种创新思维指导下的设计形式，它以人的生理及心理特质为基础，通过对人的行为方式的研究和再发现，以产品的工作方式或人与产品发生关系的方式为出发点，对产品进行改良或创造全新的产品。

方式设计以发现和改进不合理的生活方式为出发点，使人与产品、人与环境更和谐，进而创造更新、更合理、更美好的生活方式。在方式设计思维中，产品只是实现人的需求的中介，其意义在于更好地服务于人的真正需求，寻找人与产品沟通的最佳方式。

通过方式设计研究，人的每一种生存方式、生活方式如出行方式、移动方式、郊游方式、愉悦方式、交流方式等都有可能在原有基础上得到提升，或产生出新的替代方式，人与产品间建立的关系将更加融洽，更加符合人的使用习惯与生理及心理需求。

方式设计使同一用途的产品有不同的实现方式，这些方式各有所长，从而给消费者提供更多的选择，为消费者创造了多元化的生活方式。

这套分体式键盘将鼠标的功能融为一体，为你提供触手可及的方便操作，包括小键盘、多媒体按键等各种功能键，适用于画图、文档编写、游戏等多种场合，而且不局限使用场景和方式，随你怎么坐卧都自如控制哦！如图 4-4-1 所示。

图 4-4-1　分体式键盘

早在 20 世纪 30 年代，美国著名品牌开博（KEBO）就制造出了可单手操作的开瓶器，但由于生产条件限制，产品并不十分好用。这款重新设计的开瓶器可以让您仅用一只手就轻松开启各类酒瓶，同时，作为百年品牌，它拥有优秀的操作性能、光洁的不锈钢表面以及极高的艺术欣赏价值，是收藏或馈赠好友的绝佳礼品。如图 4-4-2 所示。

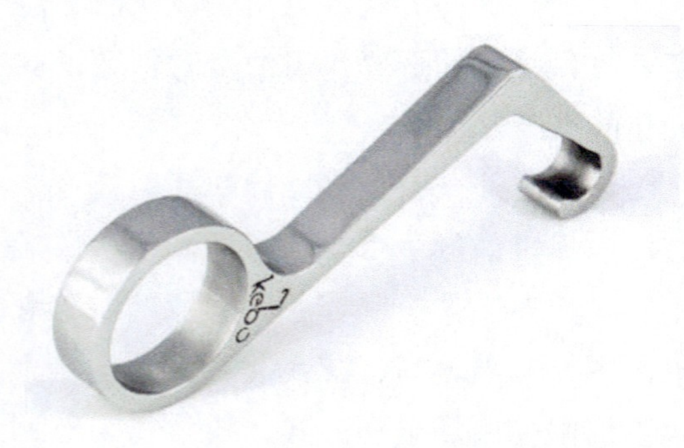

图 4-4-2　单手操作的开瓶器

图 4-4-2　单手操作的开瓶器（续）

久坐伤身，但一直站着也不舒服。这张为那些长时间坐在电脑前的程序员们设计的办公桌采用斜靠站立的方式，能有效缓解背部脊椎伤痛，但又不会为腿部膝盖带去过大的负荷，舒适柔软的靠垫说不定会让你立即入睡呢！斜靠站立式椅子如图 4-4-3 所示。

图 4-4-3　斜靠站立式椅子

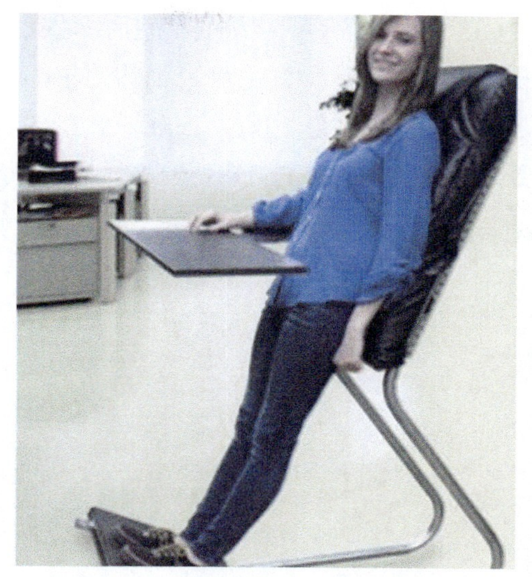

图 4-4-3　斜靠站立式椅子（续）

第五节　情景

情景设计将消费者的参与融入情景设计中，在设计中把服务作为“舞台”，产品作为“道具”，环境作为“布景”，力图使消费者在商业活动过程中感受到美好的体验过程。其目的是在设计的产品或服务中融入更多人性化的东西，让用户能更方便地使用，使产品或服务更加地符合用户的操作习惯。设计者在揣摩消费者的未来体验的同时，也要感受生产者的工作体验，换位思考，更多地为生产者着想。

情景设计的核心表现就是抛弃了所有固有的风格，在一个多维的场景里去讲述一个生动的故事。场景性、情绪性与故事性三要素构成了情景设计思想独特的内涵。情景设计让人在空间里感受到的是一副流动的画面，一幕生动的话剧故事。

一天一杯清香茶品，促进新陈代谢，保持健康长寿。德国茶商 Halssen & Lyon 为我们带来的这套可溶性茶牌日历时刻提醒着人们要注意饮食习惯，坚持规律作息，只有这样才能有效抵御疾病，获得身心的提升哦！可溶性茶牌日历如图 4-5-1 所示。

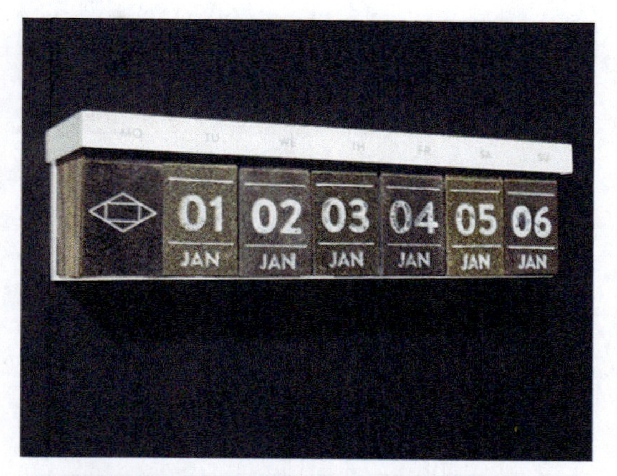

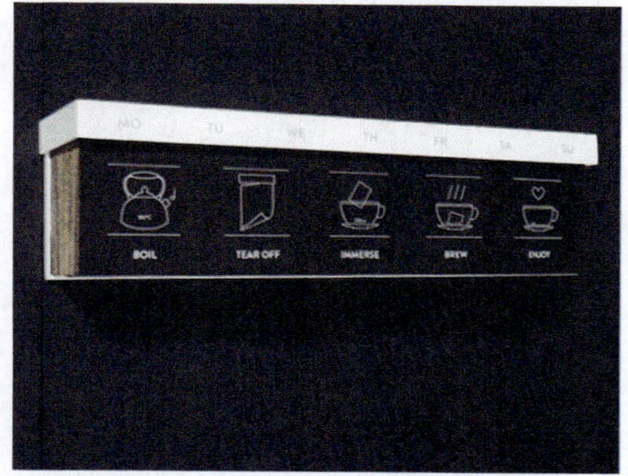

图 4-5-1　可溶性茶牌日历

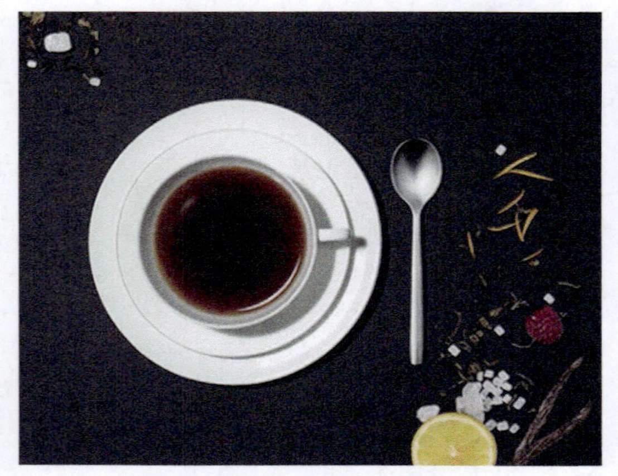

图 4-5-1　可溶性茶牌日历（续）

用来盛装首饰项链的小盒子在艺术家 Talwst 手中变成了讲述故事的道具，每打开一个盒子，就如同进入了另一个平行世界，里面的人与发生的事都是那么充满神秘感，引发人们无穷尽的联想和想象。情景故事盒子如图 4-5-2 所示。

图 4-5-2　情景故事盒子

这款随身携带的抽纸套，图案简约，颜色靓丽。设计师巧妙地把没有顶部的富士山图案印在上面，每当抽取纸巾时，纸巾就会与图案组合成完整的“富士山”，十分有趣。如图 4-5-3 所示。

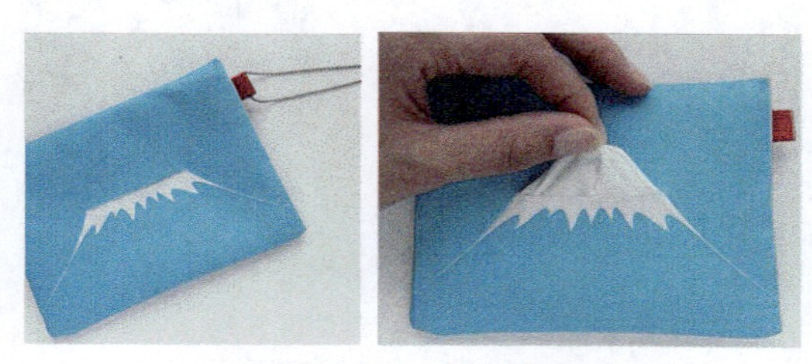

图 4-5-3　抽纸套

这款优美醋碟出自一位常年生活在富士山脚下的设计师，他将自己的感情与经历倾注其中，才让它散发出独一无二的气质。每次使用它或许都不忍心破坏了这悠远的意境吧！如图 4-5-4 所示。

图 4-5-4　小碟子设计

如果是浅蓝色的墙壁配上这些七彩云朵衣架，一定会让房屋充满童年的味道！“云朵”衣架设计如图 4-5-5 所示。

图 4-5-5　“云朵”衣架设计

这款“心”形雨伞的设计将雨天变得更加浪漫，从用户内心出发，这就是情景故事设计法。“心”形雨伞如图 4-5-6 所示。

图 4-5-6　“心形”雨伞

塞尔维亚设计师将街头常见的指示路牌搬入室内，让它变成一款特别的衣架。因为路牌上的字符可以自行定义和更换，所以，不妨将其放在学校、办公室、酒店等公共场所。如此一来，它不仅可以为不熟悉环境的人们指示方位，还能让室内衣架变得更加逗趣。即便是放在自家卧房，您也可以通过自定义上面的路牌信息，将出席不同场合的衣服分别悬挂，是不是很实用呢？指示性衣架如图 4-5-7 所示。

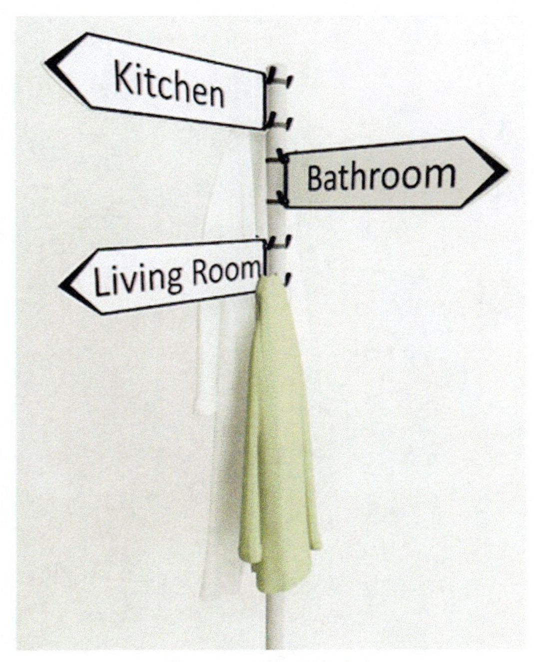

图 4-5-7　指示性衣架

第六节　印象

地域通常是指一定的地域空间，也叫区域，是自然要素与人文因素作用形成的综合体，一般有区域性、人文性和系统性 3 个特征。不同的地域会形成不同的镜子，反射出不同的地域文化，形成别具一格的、各有特色的地域景观，如中国的南北文化景观。

将少数民族图案元素运用到设计中去，是非常好的创意来源，如图 4-6-1 所示的箱包设计。

图 4-6-1　箱包的设计

看到它之后，你是不是联想起只有在电视剧里才会出现的那个时代的人物？运用现代技术与形式美，重新把这些人物找回来吧！该款复古眼镜如图 4-6-2 所示。

图 4-6-2 复古眼镜

LG 公司推出的这款复古电视可不仅是造型怀旧，它还确实应用了老式显像管电视屏幕，而不是现在流行的平板屏幕。该显示器大小为 14 寸，长宽比例为 4 ： 3，配有一对兔耳形天线和金属支架。它可以与旧式红白游戏机互联。它的数字调频旋钮、无线遥控器等现代配置，使其与纯正的老电视区分开来。更有趣的是，您还可以通过控制面板，让显示器显示出彩色、黑白、泛黄等色调的视频，让复古模拟更加逼真。该款复古电视如图 4-6-3 所示。

图 4-6-3 复古电视

图 4-6-3 复古电视（续）

不锈钢雕花镂空制作的超薄书签，其金属亮白的框体里框住了同样简单纯净的城市、生活、历史风景，让人不知不觉沉浸其中。该款雕花书签如图 4-6-4 所示。

图 4-6-4 雕花书签

图 4-6-4　雕花书签（续）

全球劲吹复古风，一款名为“情人笔记本”的概念笔记本电脑，其设计原型是一台老式的打字机 Vilentine。外形虽复古，但它的配置却科技感十足，采用了一块可卷曲显示屏，目的是以此代替老式打字机的纸张。艳红的机身、抽拉式键盘，使这款概念本看上去更为“性感”，如图 4-6-5 所示。

图 4-6-5　笔记本电脑

西班牙设计团队用一辆复古电动车把我们带回了 20 世纪 50 年代无忧无虑的逍遥生活，与那时不同的是，其先进的触屏显示器以及安静的电动马达代替了复杂的实体按钮与轰鸣的发动机。骑着它在城市里穿梭，那种怀旧的感觉相当强烈吧？！该车的所有部件均为手工制作，并提供个人化定制哦！该款复古电动车如图 4-6-6 所示。

图 4-6-6　复古电动车

设计实践

思考并练习

1. 家电产品中的信息设计。
2. 创新设计一款针对吃水果的工具。
3. 创新设计一款救助工具。

第五章　产品设计流程

第一节 构思

思维是人脑对客观事物本质属性和内在联系的概括和间接反映。以新颖独特的思维活动揭示客观事物本质及内在联系，并指引人去获得对问题的新的解释，从而产生前所未有的思维成果的活动称为创意思维，也称创造性思维。

1. 情感

人类的生存离不开形形色色的各类产品，而这些产品的设计品质直接影响人们的生活情感取向。设计师应该通过产品的形态如造型、材料、色彩等外在的视觉元素和它们的内在精神内涵激发人们对其产生情感的共鸣和认同，使所设计的产品最终满足人们的生理、心理等多层次的需求，改善人们的生活环境和质量。产品设计中，可以通过追求情感语义寻找创意思维，如追求活泼、情趣的点缀，华丽的渲染，玲珑的精美，冷艳的惊叹等。情感小产品如图 5-1-1 所示。

图 5-1-1 情感小产品

图 5-1-1 情感小产品（续）

2. 仿生

德国著名设计大师路易吉·科拉尼曾说：“设计的基础应来自诞生于大自然的生命所呈现的真理之中。”这话道出了自然界是蕴含着无尽设计宝藏的天机。仿生设计则是在仿生学的基础上发展起来的。它以仿生学为基础，通过研究自然界生物系统的优异功能、形态、结构、色彩等特征，并有选择性地在设计过程中应用这些原理和特征进行设计。在大自然中寻找设计灵感，运用仿生思维进行设计，抓住事物的本质，不仅能创造功能完善、结构合理、工艺精良、造型美观的产品，而且可以赋予产品内在生命的象征。产品设计师要学会师法自然的仿生设计思维，创造人、自然、产品和谐共生的对话平台，让设计从自然中诞生，满足人们心灵上的享受。仿生小产品如图 5-1-2 所示。

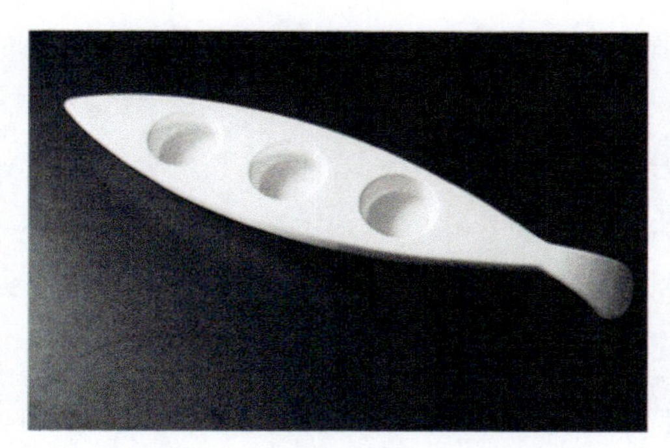

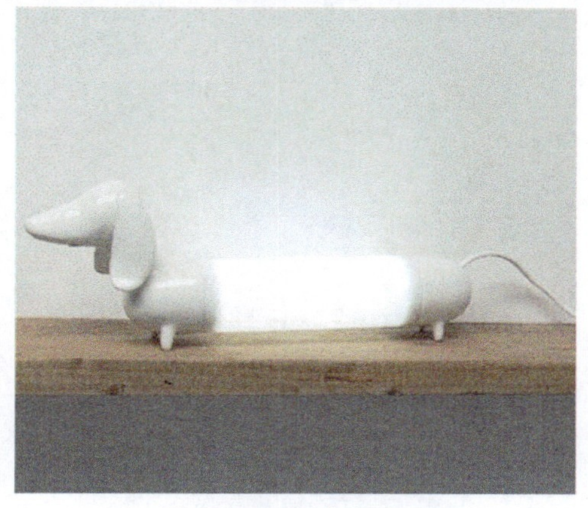

图 5-1-2　仿生小产品

3. 感官

当今的设计更加强调和注重能够通过人们的各种感官如感觉、听觉、触觉、嗅觉和味觉等的交互体验，使产品从更多方面和层次的知觉体验中，愉悦人们的精神和情感体验，实现它的功能和精神价值。在感官中寻找设计灵感的案例如变色发光水龙头的设计。其里面装有发光的二极管，并且会根据温度的不同而呈现红色、紫色、蓝色，让你根据颜色的不同来判断水温，如图 5-1-3 所示。

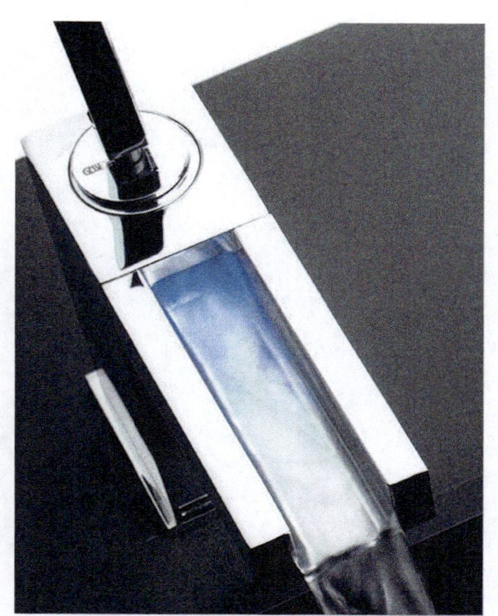

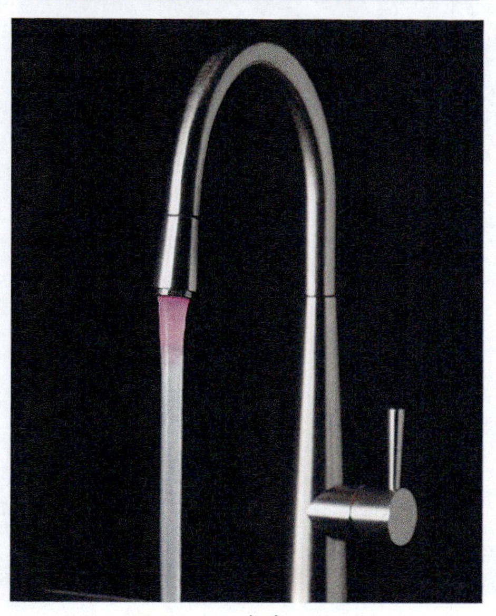

图 5-1-3　感官水龙头

4. 同构

也可以在同构中寻找灵感。产品的形态有很多相似的规律，通过对比研究，可以寻找设计突破点，如鼠标、列车、汽车、吸尘器、电熨斗等，可以在它们之间寻找设计转换。同构造型的创作思维如图5-1-4所示。

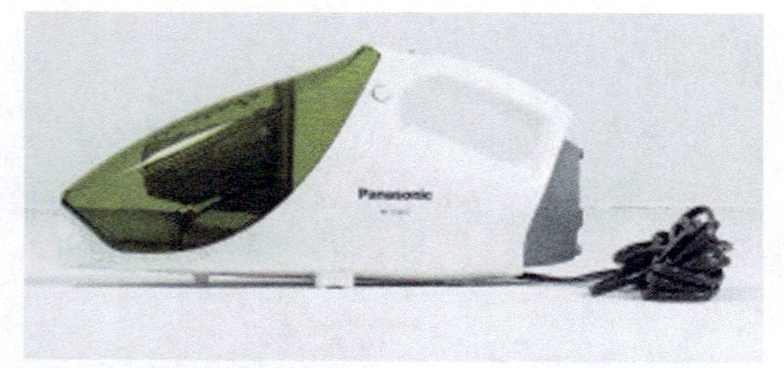

图 5-1-4　同构造型创作

图 5-1-4　同构造型创作（续）

5. 新材料

在产品设计中，材料的变化是创意的来源，寻求产品的材料与人之间的联系，能增强产品的吸引力、识别力和感官认知力。目前，应用于产品的材料工艺非常丰富。比如材料有不锈钢、铝、铝合金、镁合金、ABS塑料、有机玻璃等；工艺有亚光及亮光、镂空及斜纹；特性有柔软、透明及硬挺。寻找新材料的应用也是创作的源泉，笔记本中的材料运用如图5-1-5所示。

图 5-1-5　笔记本中的材料运用

6. 地域特色

地域通常是指一定的地域空间，也叫区域，是自然要素与人文因素作用形成的综合体，一般有区域性、人文性和系统性3个特征。不同的地域会形成不同的镜子，反射出不同的地域文化，形成别具一格的、各有特色的地域景观。将地域人文特色融入设计创作当中，不失为一种特别的创意。如图5-1-6所示的风景衣架，其巧妙地借用了城市景观代表建筑的形状。买了它，把城市的特色风貌带回家吧！

图 5-1-6 风景衣架

7. 复古移植

复古设计是指恢复往古的社会秩序、习俗、文化、风尚等内容或将其元素运到现代的设计载体当中。“一切过往的东西都会是一个新的开始”这句经典老话代表了21世纪前5年最重要的时尚潮流。时尚学者和观察家将会把这5年，也可能是10年，冠以“Vintage(复古风格)年代”的称号。复古风格包括古老的民族文化、信仰、习俗、文字、用品以及居住的特点。这种设计被描述为反其道而行之。BONE Horn Stand就是近期推出的一款复古大喇叭的iPhone外置扬声器。BONE Horn Stand由硅胶材质制成，可以根据iPhone的大小进行安装，正确的合体安装可以令这款扬声器在变为一个外置的大喇叭的同时充当手机底座。这种原始的喇叭造型设计虽然复古但是却起到了更加直接的表现效果，如图5-1-7所示。

图 5-1-7 复古风格扬声器设计

现在越来越多的数码相机都做成老式传统相机的样子。宾得特别推出了名为PENTAX Optio I-10古典银的全新版本，它让人联想起人们过去喜爱的胶片单反相机。高质感皮革纹理的黑色前面板，与上下银色面板的协调搭配，给人以强烈的古典单反相机的外观视觉感受，使得经典再现——宾得复古新款相机，如图5-1-8

所示。

图 5-1-8　复古新款相机

第二节　表达

1. 草图表达

产品设计开始后，秉承优秀的科技基因，凝结设计师尽可能完全的设计思想观念，拥有美丽的外表和独特的气质，这都是设计师应作的思考。设计构思的过程就是把模糊的、不确定的想法和思维明确化和具体化的过程。在这一阶段中要提出设计的初步方案，提出用哪些方法解决产品的哪些要求，提出各种构思方案，即尽可能使概念、创意和设想最大化，而不要过多地考虑限制因素。

设计是一个开放的思考过程，它不仅需要把最终的成果以具体、形象的方式展示给大家，而且在其构思的过程中，也离不开图示的分析与比较。每个设计师的创意和构思都凝聚了很多心血，而如何将独特的构思客观地表达出来，也是设计师需要精心考虑的问题。一个有创意的设计，其灵感的火花是在思维与表现的反复的否定与肯定中碰撞出来的。设计草图可以迅速捕捉这种灵感的火花。

在一种想法或概念出现时，设计师需要用一种更直观的方法——设计草图，将其表现出来。绘制设计草图是设计师将自己的想法通过具象的图形表现出来的创作过程。草图有多种类型，常见的几种是概念草图、形态草图和结构草图。在具体的构思过程中，选择使用哪一种草图绘画技法去表现想法和创意，要视设计师的个人喜好而定，关键是要展现出设计师思维的灵动与创意的火花。草图的表现方式一般通过手绘表达出产品的轮廓、色彩、创意出处或者构成结构等。

设计草图是设计理念、创作灵感的关键。创新灵感的捕捉和思路的准确表达在产品设计的整个过程中是非常重要的一部分，而在这个环节中，手绘草图是将这些抽象的思维转化为可视化的图形的重要途径和方式。

从手绘草图本身来说，手绘是一种分析工具，设计是对设计条件不断协调、评估、平衡，并决定取舍的过程。在方案设计的开始阶段，设计师最初的设计意向是模糊的、不准确的，草图能够把设计过程中有机的、偶发的灵感、思考以及对设计条件的协调过程，通过可视的图形记录下来。这种绘画形式的再现，是抽象思维活动的最适宜的表现方式，能够把设计思维活动的某些过程和成果展示出来。即将设计师大脑中的思维活动延伸到外部，通过图形使之外向化、具体化。在数据组合及思维组成的过程中，草图可以协助设计师将种种游离、松散的概念用具体的、可以用眼睛看见的草图来陈述。在发现、分析和解决问题的同时，设计师头脑中的思维形象通过手的勾勒而使其跃然纸上，所勾勒的形象则通过眼睛的观察又被反馈到大脑，刺激大脑进一步思考、判断和综合，如此循环往复，最初的设计构思也将随之越发的深入、完善。

在设计构思过程中，设计思维的表达是整体构思过程中的主要阶段。在此阶段，创作主体的构思意向在反复的推敲中不断地发展、完善，由此产生的设计问题也伴随着意向的变化而经历着产生—解决—再产生—再解决的过程。相应的该阶段的构思表达在目标意向尚未确定时，也呈现出多次反复和尝试性的特征，是一个非线性的不断探索的过程。而在这个过程中手绘草图的表达方式起着非常重要的作用。因为手绘表达比较直接、快捷，而好的设计往往是“灵光一闪”的思维成果，所以也正是这种简单的、概念性的速写草图，记录了一个个灵感的启发。灵感有时候只是模糊地反映着一种大脑思维的轨迹方向，设计草图旨在将原始构思进一步明确化，建立方案设计的视觉形象，探索面临的实际问题，或对主要的技术问题和创作构思做重点表达。

这样看来，手绘草图不仅仅是设计构思的成果，也是设计构思的过程。它记录了设计者构思时的灵感，同时也引发了下一次灵感的开始。产品的设计思维是必须要落实到一个具体的形象上的，不然是没有办法进行评价与评估的，所以这种快速、简洁的手绘表达所带来的特殊作用是无法预见的，也正是因为有这种灵感的迸发，才能显示出设计本身的可贵。

（1）单色草图绘制

① 勾勒轮廓。在这一过程中，设计师要选择合适的透视角度，将产品设计的思路、功能用途、组成结构、形态特征描绘出来。设计中的徒手草图，仍然是设计构思的重要手段，它通过眼、脑、手的不断观察和思考，使设计构思和创造思维逐步形象化，绘制的过程也是创意思维表达的过程，这样才能为设计师带来更多的新构思和新创意。勾勒轮廓如图 5-2-1 所示。

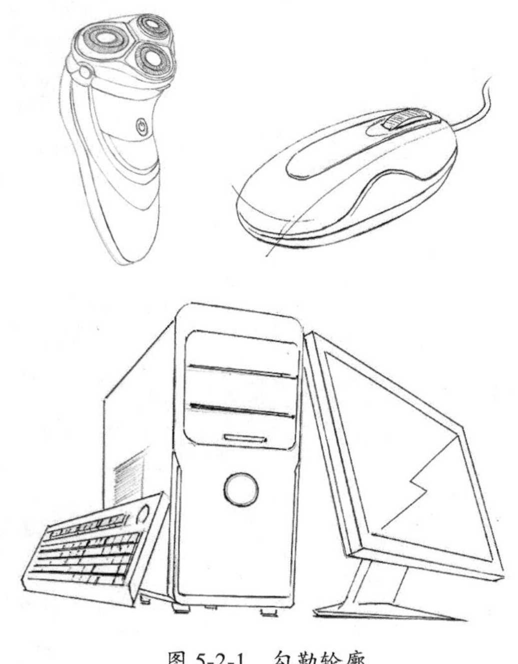

图 5-2-1　勾勒轮廓

② 添加光影。设计师通过处理产品的光影关系，充分表达其造型的体态特征，使其更立体化、生动化。添加光影的示例如图 5-2-2 所示。

图 5-2-2　添加光影

③ 添加背景。每一个产品都是处于环境中的，设计师通过对环境背景的处理，能使产品从画面中跳跃出来。添加背景的示例如图 5-2-3 所示。

图 5-2-3　添加背景

（2）彩色草图绘制

用马克笔、色粉等工具对设计图进行上色，设计师通过用笔触归纳光影关系、块面关系，并进而将产品的材质美、造型美充分体现出来，使其生辉。彩色草图绘制示例如图 5-2-4 所示。

图 5-2-4　彩色草图绘制

图 5-2-4　彩色草图绘制（续）

对设计师来说，设计是一个不断优化的思考过程，一般人所见到的仅仅是一种以具体而形象的方式展示给大家的最终成果，但是在整个构思的过程中，设计者是离不开图示的分析和比较的。一个有创意的设计，其灵感的火花是在思维与表现的反复的否定与肯定中碰撞出来的。大脑中存在的抽象形象只有变为具体的形象，才能供人们交流与思考。所以，对设计者而言，如何将自己独特的设计构思快速、准确、客观地表达出来，无疑是设计过程中一个十分重要的问题。

2. 效果图表达

效果图主要是在设计草图方案可行性确定后，进行产品预期效果的表达。设计师通过一些能突出效果的技法具体绘制产品的造型特征、色彩体征、材料特征、结构特征等，从而完善细节，使得产品设计表现得更充分、更具体、更生动，并将自己的设计成果用于展示、沟通、比较。手绘效果图需要比较扎实的绘画功底，是设计师能力的体现。手绘效果能快速反映出设计师的思路、产品与产品使用环境的关系、产品概念推敲等，并且效果活跃而不生硬，可以通过设计师主观的控制表现出产品特征、节奏、空间、背景等。手绘效果图示例如图 5-2-5 所示。

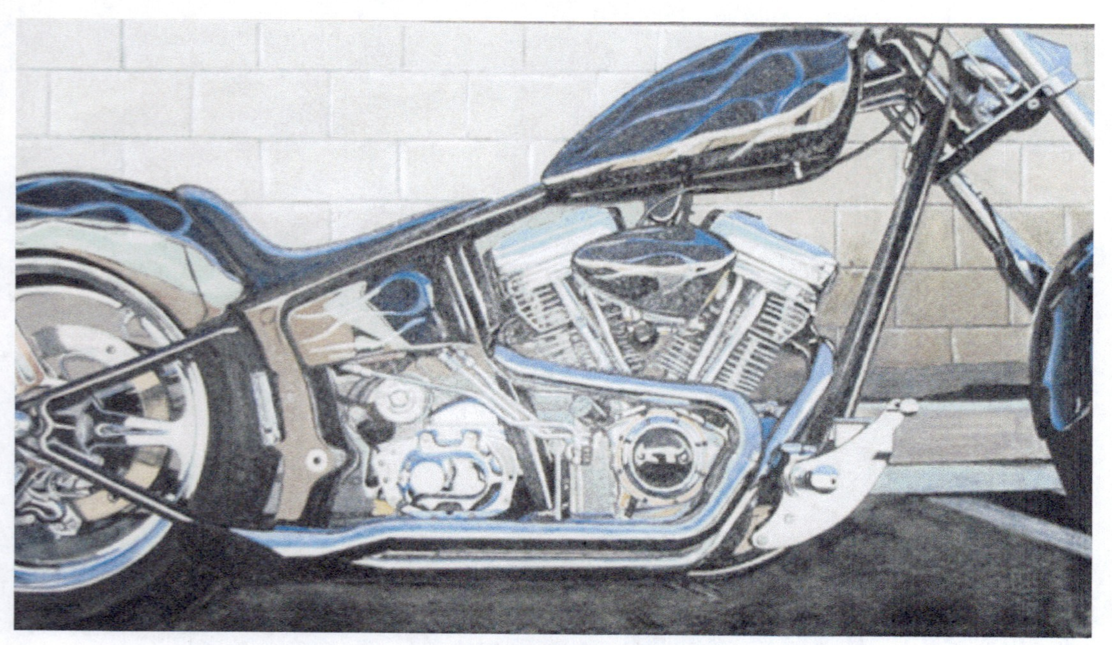

图 5-2-5　手绘效果图表达

图 5-2-5　手绘效果图表达（续）

图 5-2-5 手绘效果图表达（续）

计算机技术日益精进、普及并快速渗透到各科学领域的今天，用计算机制图，成为设计表达的一种新趋势。而且，计算机制图有利于设计思路的拓展，能缩短设计周期，且易把控、易修改、易再生，大大提高了实际效率。它主要借助计算机软件进行操作。计算机效果表达示例如图5-2-6所示。

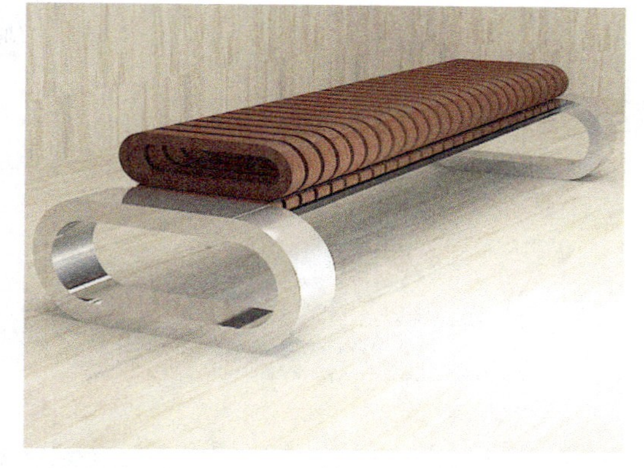

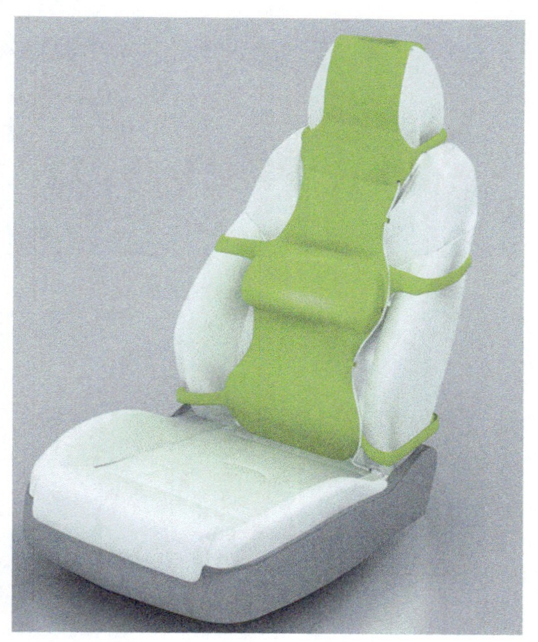

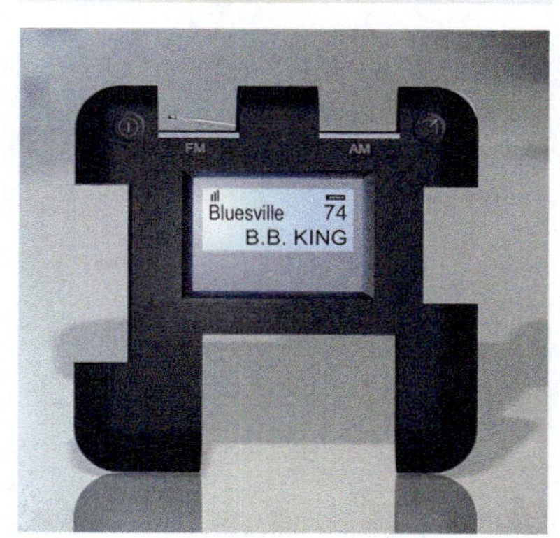

流光溢彩

图 5-2-6　计算机效果图表达

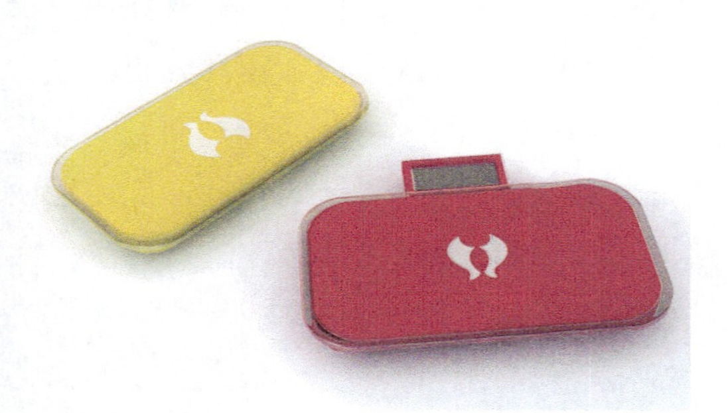

图 5-2-6　计算机效果图表达（续）

3. 尺寸图表达

尺寸制图是指用图样确切地表示出产品的结构形状、尺寸大小、工作原理和技术要求。图样由图形、符号、文字和数字等组成，是表达设计意图和制造要求以及交流经验的技术文件，常被称为工程界的语言。图样主要有三视图、装配图、零部件图、示意图、轴测图等。产品外观设计常用三视图表现产品整体尺寸。三视图是观测者从 3 个不同位置观察同一个空间几何体而画出的图形。将人的视线规定为平行投影线，然后正对着物体看过去，将所见物体的轮廓用正投影法绘制出来的图形称为视图。从物体的前面向后面投射所得的视图称主视图（正视图）。主视图能反映物体的前面形状。从物体的上面向下面投射所得的视图称俯视图，它能反映物体的上面形状。从物体的左面向右面投射所得的视图称左视图（侧视图），它能反映物体的左面形状。三视图就是主视图（正视图）、俯视图、左视图（侧视图）的总称。尺寸制图示例如图 5-2-7 所示。

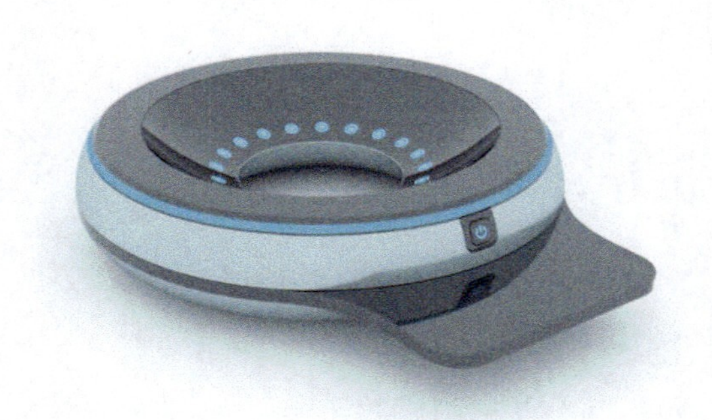

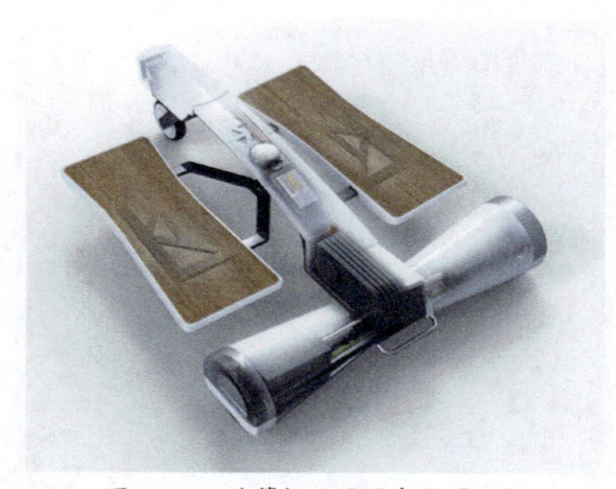

图 5-2-6　计算机效果图表达（续）

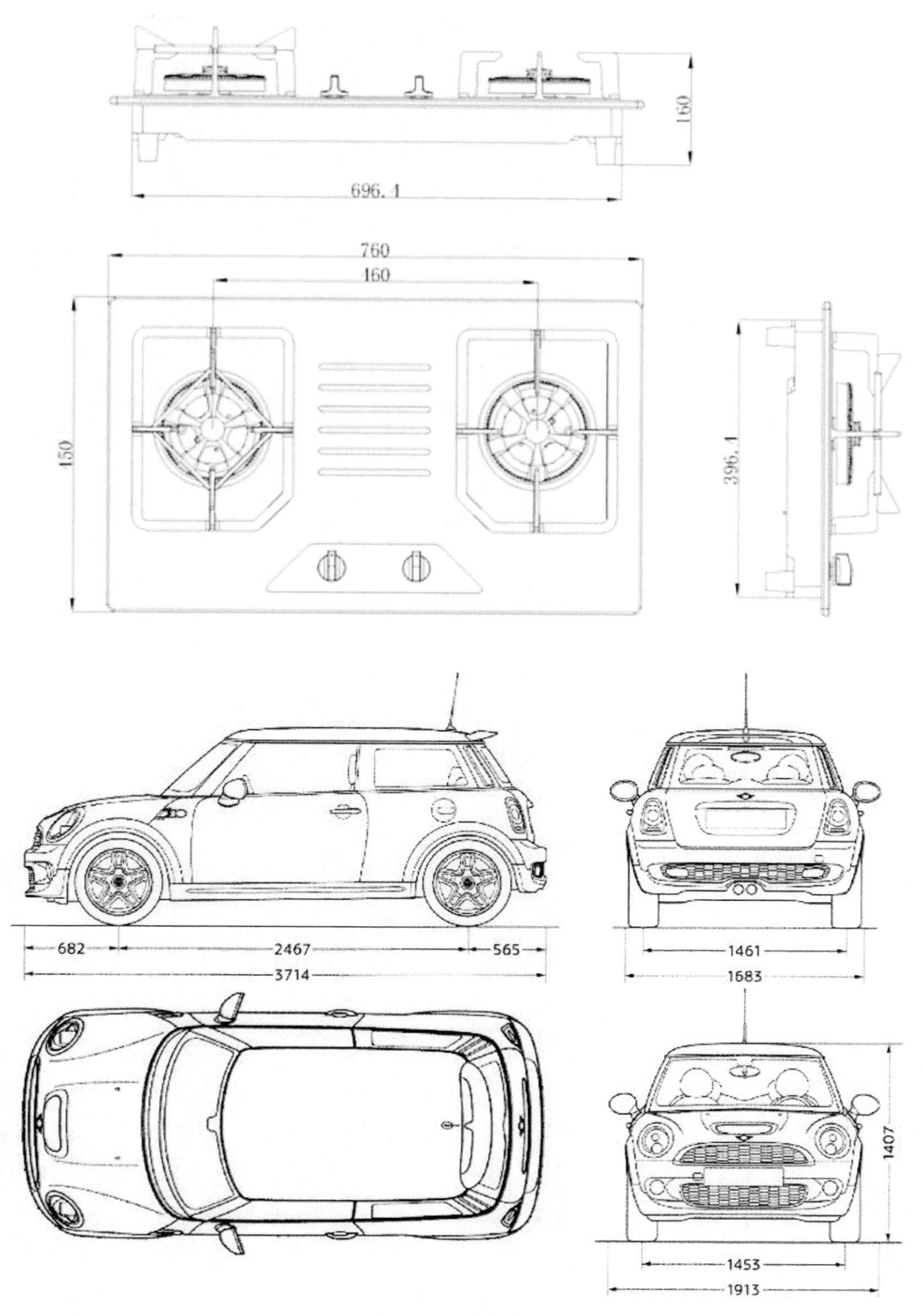
160
696.4
760
460
450
396.1
682
2467
565
3714
1461
1683
1407
1453
1913

图 5-2-7　尺寸制图

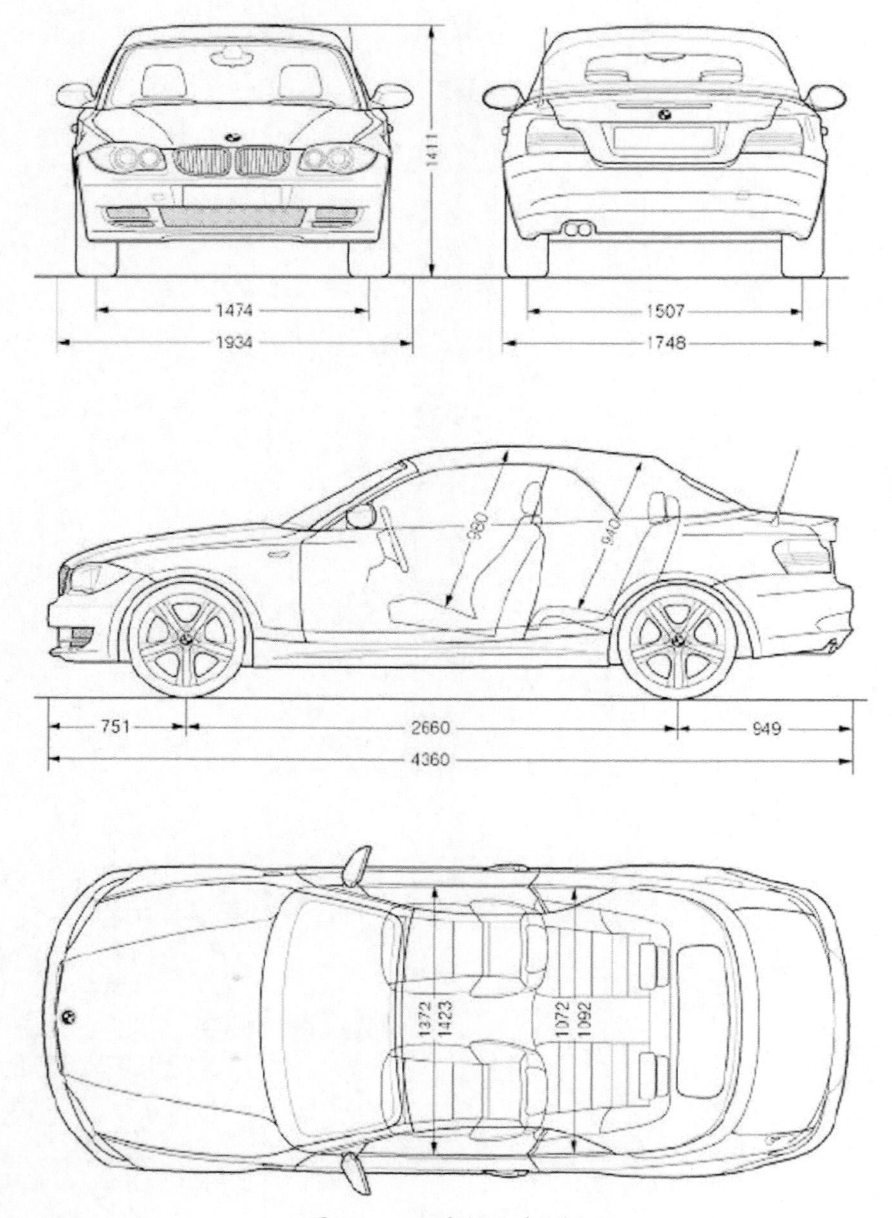

图 5-2-7　尺寸制图（续）

4. 模型表达

模型制作也叫手板模型，它是将设计的思路、图纸方案等做成比例模型或实物模型，真实立体地呈现出来，用于进行产品外观确认和功能测试等，找出设计产品的缺陷、不足、弊端的最直接且有效的方式。模型表达有利于对产品缺陷进行针对性的改善，从而完善设计方案，降低开发成本，缩短开发周期，迅速获得客户认可。模型的主要制作方法有手工艺、机械加工、CNC 加工、激光快速成型和硅胶模小批量生产等。模型表达广泛应用于工业新产品设计研发阶段。模型示例如图 5-2-8 所示。

图 5-2-8　模型表达

图 5-2-8 模型表达（续）

5. 语言表达

设计语言是产品表达的另一个关键点。合理、准确的专业语言，可以让人们沟通得更准确。一般设计说明起到叙述图纸、描绘思路的作用，它用语言解释产品的创作思路及应用。在说明性语言表述中一般要阐述整体的创作出发点，进行产品系统要素的整体分析，描述时代特征、市场需求、用户研究、功能演示、交互过程、内涵价值、材料工艺、色彩计划等方面的思路信息。

常用到的专业词语有理念、思想、哲学、精神、信念、信条、目标、目的、宗旨、方针、性质、使命、宣言、意念、意义、意向、意境、含意、寓意、立意、示意、涵意、意象、意味、概念、涵义、释义、说明、隐含、隐喻、暗喻、代表、表示、显示、象征、表达、反映、比喻、内涵、联想、点明、蕴含、揭示、印象、表明、体现、传达、展现、含义、设计、艺术、手法、定位、定格、创意、构想、构成、塑造、造型、形象、形态、结构、特征、态势、演变、原理、元素、单元、连字、组字、抽象、具象、象形、图形、图画、图案、符号、写实、变形、漫画、吉祥物、纯文字、纯图形、图文结合、汉字组合、数字组合、符号组合、图像、外形、圆形、方形、三角形、直线、斜线、曲线、弧线、几何形、正形、负形、共形、共用形、整体、局部、实体、虚体、阴阳、点、线、面、黑、白、反复、对比、调和、节奏、渐变、突破、对称、均衡、平衡、反衬、借用、重叠、变异、幻视、连接、折带、装饰、立体、平面、空间、发射、排列、动感、起伏、肌理、叠透、旋转、交叉、相让、相背、相向、分离、积集、联合、内聚、外发、呼应、留白、色彩、标准色、辅助色、暖色、冷色、色相、彩度、明度、对比色、邻近色、标准字、基本形、美感、美观、流畅、庄重、严谨、潇洒、新颖、结合、组合、融会、层次、完整、准确、明确、鲜明、特色、特性、独特、风格、风貌、个性、畅快、优雅、哲理、格调、面貌、价值、情感、主题、主调、心理、联想、共鸣、和谐、贴切、主体、简洁、简炼、精致、粗犷、高尚、品位、力度、强烈、壮美、优美、坚实、有力、直观、效果、夸张、点题、借笔、互补、相依、相托、布局、营造、缩写、媒介、传递、信息、视觉、冲击力、张力、诉求、主张、题材、素材、感性、理性、知性、人性、个性、共性、原创性、逻辑性、条理性、直观性、权威性、典型性、单纯性、鲜明性、艺术性、装饰性、识别性、标识性、规范性、准确性、适用性、企业形象、企业识别、CI 战略、CI 系统、理念识别、行为识别、视觉识别、文化、产品、经营、营销、策划、广告、公关、品牌、名牌、高品位、消费者、服务、一流、好感、信赖、忠诚、诚实、团结、合作、交流、发展、开拓、创新、奉献、贡献、壮大、规模、稳健、开明、向上、飞跃、高效、高质、高产、协力、创业、效率、求实、务实、荣誉、信用、安全、奋斗、前进、腾飞、拼搏、健康、永恒、活力、爱心、温暖、博爱、清洁、品质、形象力、商品力、销售力、竞争力、开发力、领导力、研究力、创造力、亲和力、集团力、多元力、多角力、多样化、专业化、市场化、人性化、休闲化、都市型化、乡村型化、商品化、系列化、大众化。现代感、传统感、魅力感、亲密感、信赖感、亲切感、期待感、正义感、安心感、稳定感、温暖感、强力感、坚实感、责任感、明朗感、活泼感、流动感、节奏感、明快感、跃动感、律动感、新鲜感、独特感、高级感。国际性、地域性、社会性、民族性、大众性、时代性、现代性、传统性、都市性、超前性、未来性、进步性、优良性、进取性、创造性、杰出性、力量性、明朗性、活泼性、灵敏性、开朗性、温和性、亲和性、健康性、跃动性、摩登性、安定性、诚实性、协调性、独特性、方向性、专业性、技术性、基准性、趣味性、情绪性、成长性。

6. 版式表达

展板用以将设计师最终的设计成果展示给受众，展板上应体现出设计信息。展板内容一般要图文并茂，图片可以是草图、效果图、模型图，可以是产品的整体全貌或局部放大图，也可以是爆炸图。

将版式规律与产品展板版面内容相融合，制作出成功的产品展板，能使工业设计者更好地表达产品设计。

（1）突出主题

突出主题是设计师的目的，为此，版式设计的元素都要围绕主题进行编排，要求视觉醒目、对比突出，使受众者第一眼就知道设计的是什么、为什么而设计。具体来说，就是在这个主题中选择一张或多张视角较为突出、色彩明快、设计信息表达较为清楚的主图作为排版中主要突出的“点”，同时设计的题目和其他说明性文字和描述性图纸等要围绕这个“点”进行编排，从而体现出主次分明的效果。

（2）形式规律

① 重复与交错。在版式设计中，尤其是装饰性部分，不断重复使用的基本形或线，它们的形状、大小、方向都是相同的。重复使设计产生安定、整齐、规律的感觉。但重复构成的视觉感受有时容易显得呆板、平淡、缺乏趣味性的变化，因此，我们在版面中可安排一些交错与重叠，以打破版面呆板、平淡的格局。重复与交错展板如图 5-2-9 所示。

“Picking fruits from the tree!”

The fruit bowl

设计应站在人与自然关系的高度，而不应仅仅局限在审美和实用的范畴内，应体现人的内心深处的渴求，上升到探讨人与物的哲学关系上。

回归自然　记住自然

在整个设计当中，打破以往一味追求形式美的造型构成，或是单一仿生造型，或是追求功能收纳的果盘设计思路，从人的本性，从人的向往和回归着手，突破容器的特征，突破原始的体验过程。通过附着在有弹性的像“树”一样的主体上的“叶子”把水果抓住，并半隐藏入“树”中，形成水果长在树上的外观形态，进而模仿人们“采摘”水果的行为和体验方式。这种回归自然、回归劳动的表达方式，亲切自然，贴入人心。

体验设计

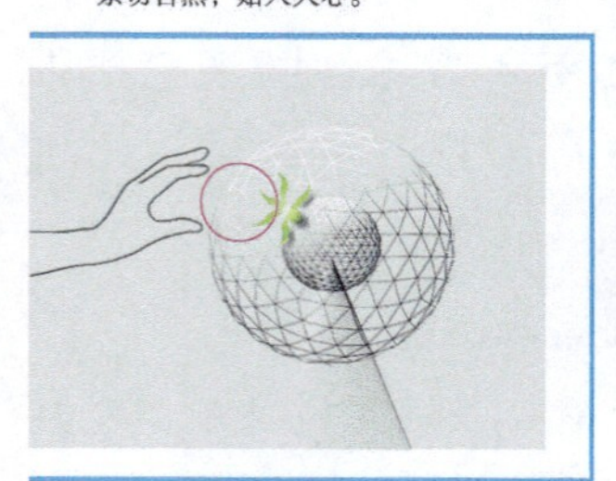

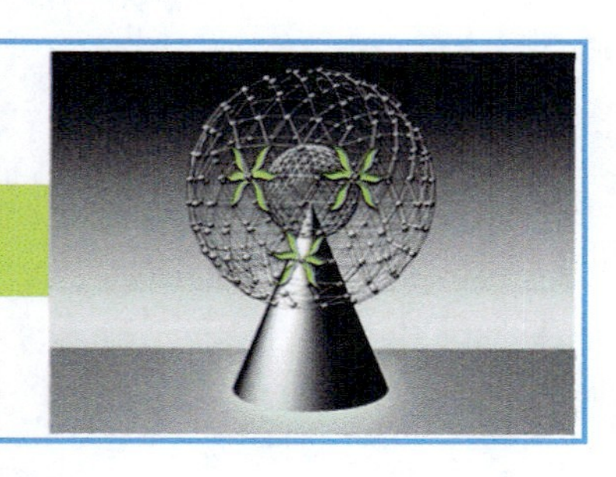

采摘果实　行为自然

现在，设计不再仅仅将产品基本功能的实现作为唯一的目标，而是通过将某种新的价值附加到产品的设计中，丰富和提升产品的实用和精神价值。这就意味着，在每一次的设计实践中，我们都应该将人的内在需求作为设计的目标，以某种合理的方式实现产品的功能，而不是狂热地追求物质的、形式的表面存在。

果盘设计

图 5-2-9　重复与交错展板

②节奏与韵律。节奏与韵律来自音乐概念，正如歌德所言：“美丽属于韵律。”韵律被现代排版设计所吸收。节奏是按照一定的条理、秩序重复连续地排列，形成一种律动形式。它有等距离的连续，也有渐变、大小、长短、明暗、形状、高低等的排列构成。在节奏中注入美的因素和情感，就有了韵律，韵律就好比是音乐中的旋律，不但有节奏更有情调，它能增强版面的感染力，开阔艺术的表现力。节奏与韵律展板如图 5-2-10 所示。

图 5-2-10　节奏与韵律展板

③ 对称与均衡。两个同一形状的并列与均齐，实际上就是最简单的对称形式。对称是同等同量的平衡。对称的形式有以中轴线为轴心的左右对称，有以水平线为基准的上下对称和以对称点为源的放射对称，还有以对称面出发的反转形式。其特点是稳定、庄严、整齐、秩序、安宁、沉静。对称与均衡展板如图 5-2-11 所示。

超市 购物车设计

设计说明：

本设计整体简洁，色彩搭配时尚，功能性强。

本设计主要针对超市购物车的功能性进行设计，集超市导航、质量检测、账户结算、电子秤等功能于一体，实现了超市一体化自助服务，适用于现代大型购物超市。它为忙碌的现代购物者带来了便利。

爆炸图

触摸显示屏
请在此处刷条形码
数字键盘
银行卡插入口
滑盖设计导航器
把手
带脚闸定向轴轮
支架
脚闸辅助器
万向轴轮
电子秤感应器
旋转后挡板
旋转分类隔板
车篓

功能展示

① 超市购物车上载有超市导航器，导航器是滑盖触摸屏控制的自助服务器，可以进行超市内物品的搜索导航、自行结算、质量检测等服务。

② 购物车筐里有区域分割板，可以自由折合，方便物品的分类，前部有蔬菜、水果质量检测仪和电子称，可以帮助我们实现一体化服务。

整体效果

图 5-2-11　对称与均衡展板

④ 比例与适度。比例是形的整体与部分以及部分与部分之间数量的一种比率。比例又是一种用几何语言和数比词汇表现现代生活和现代科学技术的抽象艺术形式。成功的排版设计，首先取决于良好的比例：等差数列、等比数列、黄金比等。黄金比能求得最大限度的和谐，使版面被分割的不同部分产生相互联系。适度是版面的整体与局部与人的生理或习性的某些特定标准之间的合适的大小关系，也就是排版要从视觉上适合读者的视觉心理。比例与适度，通常具有秩序、明朗的特性，给人一种清新、自然的新感觉。比例与适度展板如图 5-2-12 所示。

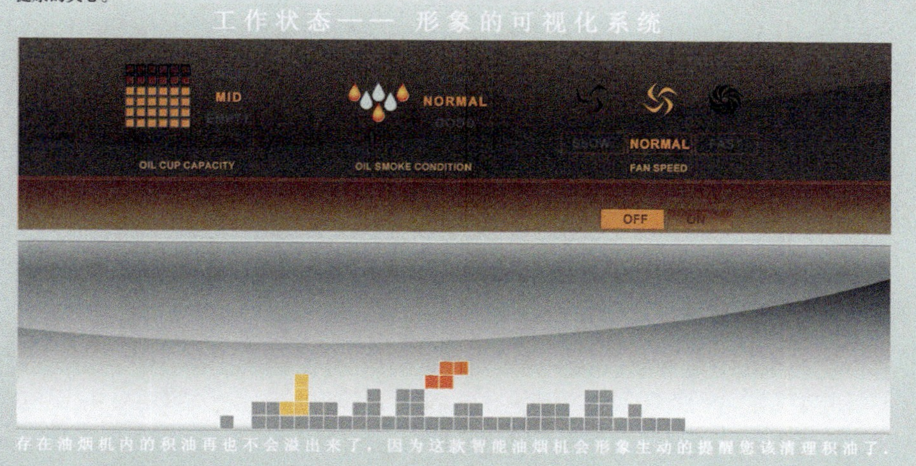

图 5-2-12　比例与适度展板

⑤虚实与留白。中国传统美学上有“计白守黑”这一说法。这一原则下，编排的内容是“黑”，也就是实体，斤斤计较的却是虚实的“白”，也可为细弱的文字、图形或色彩，这要根据内容而定。留白则是版中未放置任何图文的空间，它是“虚”的特殊表现手法，其形式、大小、比例决定着版面的质量。留白的感觉是一种轻松，其最大的作用是引人注意实体。在排版设计中，巧妙地讲究留白之美，是为了更好地衬托主题，使人们集中视线和造成版面的空间层次。虚实与留白展板如图 5-2-13 所示。

空气净化器

健康环保问题是当今国内外所关注的热点问题之一，健康环保类的家用产品也在不断发展，新的家用小电器的发展趋势是更加智能化、人性化、便携、轻巧、低碳、健康。

产品功能特征

1. 人性化设置的控制面板。
2. 智能感应空气质量与温度、湿度。
3. 夜间通过感光自动调至低耗运行级别。
4. 自动提示需要更换过滤网功能。
5. 可调节风速，设置三挡风速调节功能。
6. 专有的遥控控制器，方便远距离操作。

造型形态特征

1. 几何元素简洁风格，明快、大方、利索。
2. 洁净的白色呼应产品特征的行业语义。

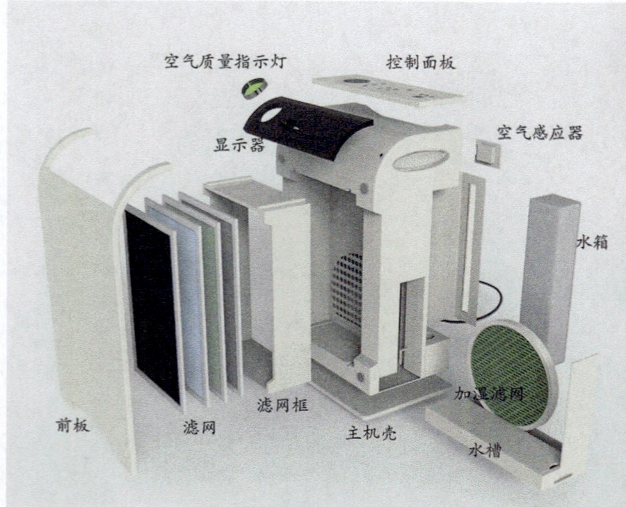

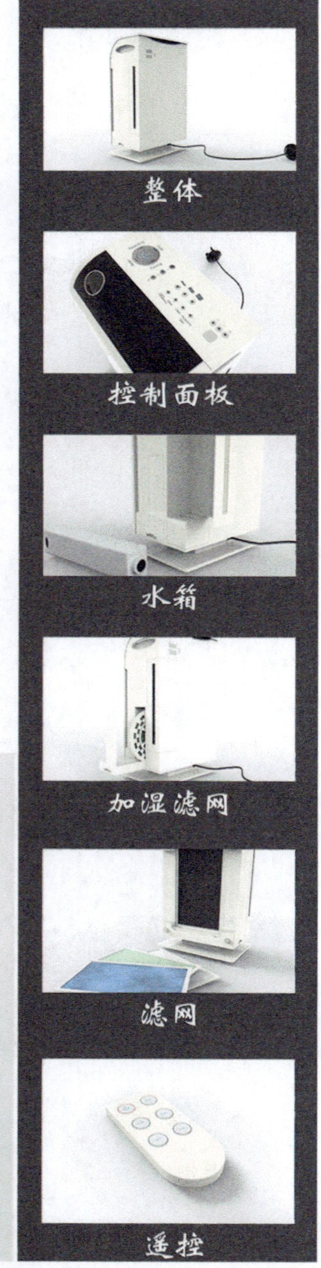

图 5-2-13　虚实与留白展板

（3）版式类型

① 上下结构。上下结构展板如图 5-2-14 所示。

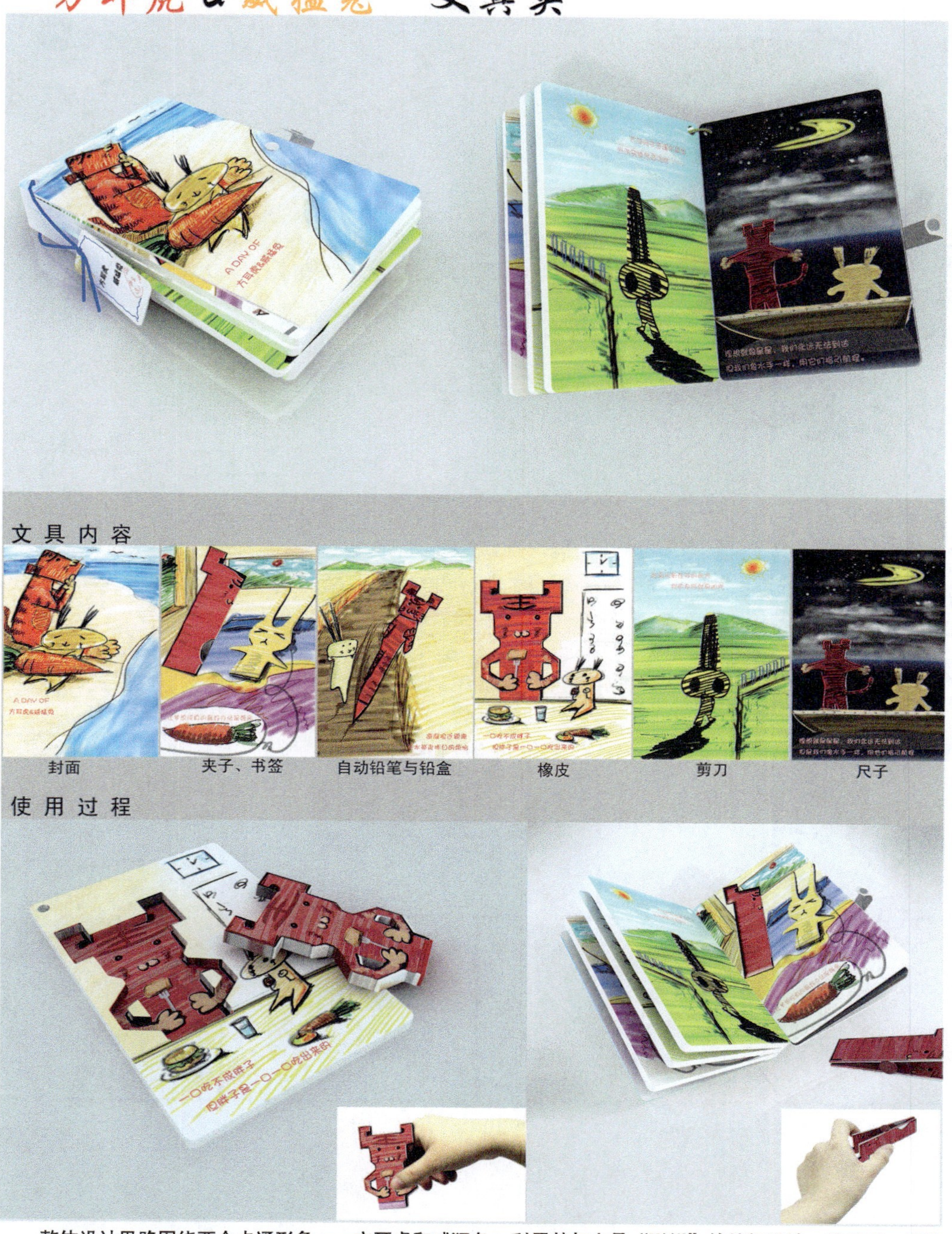

整体设计思路围绕两个卡通形象——方耳虎和威猛兔，利用其与文具“形似”的特征设计。使用时，直接将文具从卡槽中取出，使用这样可爱的文具组合，有利于培养小朋友用完文具及时收纳的好习惯，同时漫画情节能激励他们更健康快乐地成长。此设计形式拓展了文具设计的创作思路，有利于推进产业转型升级。

官帽小也
多功能沙发坐具
■ 加工工艺分解
移动坐垫
布质沙发外框
储物箱
不锈钢支架
■ 三视图尺寸
■多功能 1
结构造型能使多个产品相互叠加，有利于减少空间占用，同时能够方便地运输、移动。
■多功能 2
储物箱，对周围小物品能进行归纳整理。
多功能1
多功能2
沙发使用环境（书房客厅，公共大厅）
2/2

图 5-2-14　上下结构展板

②左右结构。左右结构展板如图 5-2-15 所示。

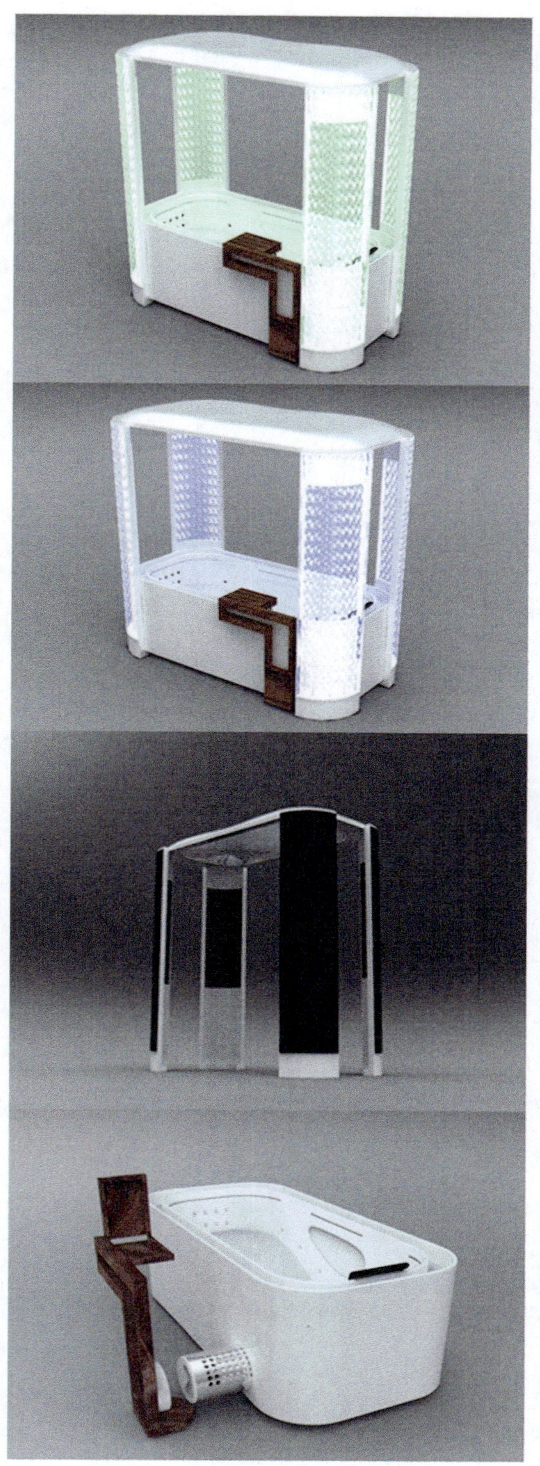

卫浴产品
情感化设计

通过此产品的情感化设计，希望引导并传播一种轻松、自由、自然的生活理念，设计在让人们享受洗浴的同时，运用感官情感设计效果，根据温度的调节变换环境色彩，有利于气氛的渲染，同时，节水控制方面的设计，注重功能性与环保理念的突破。

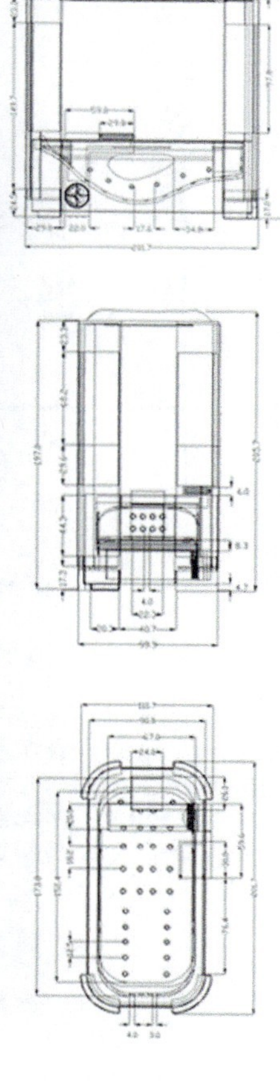

图 5-2-15　*左右结构展板*

③ 包围结构。包围结构展板如图 5-2-16 所示。

通过结合功能设计与绿色设计，将吸尘器设计成两个可分离式机体，两部分机体配有不同的吸头，以满足不同工作地点的需要。两部分机体可以拆卸分开单独工作，同时在小机身与大机身之间设有充电触点，在大吸尘器充电的同时，小吸尘器通过电触点进行依附充电。

改变原有单一的吸尘器吸头型态，通过吸头细节的改变使吸尘器吸头紧贴除尘部位。吸头分为 4 部分，分别与中央的内置弹簧片相连，使 4 部分吸头能够多角度斜向偏转，从而达到紧贴被吸附曲面、彻底除尘的目的。

图 5-2-16　包围结构展板

相关设计案例如图 5-2-17 所示。

灯具设计表达展示图

产品的灵感源于一个幽默的形象——从外观形态到功能都像一位侍者一样守候在您的一旁，为您对照明的各种需求提供贴心服务。

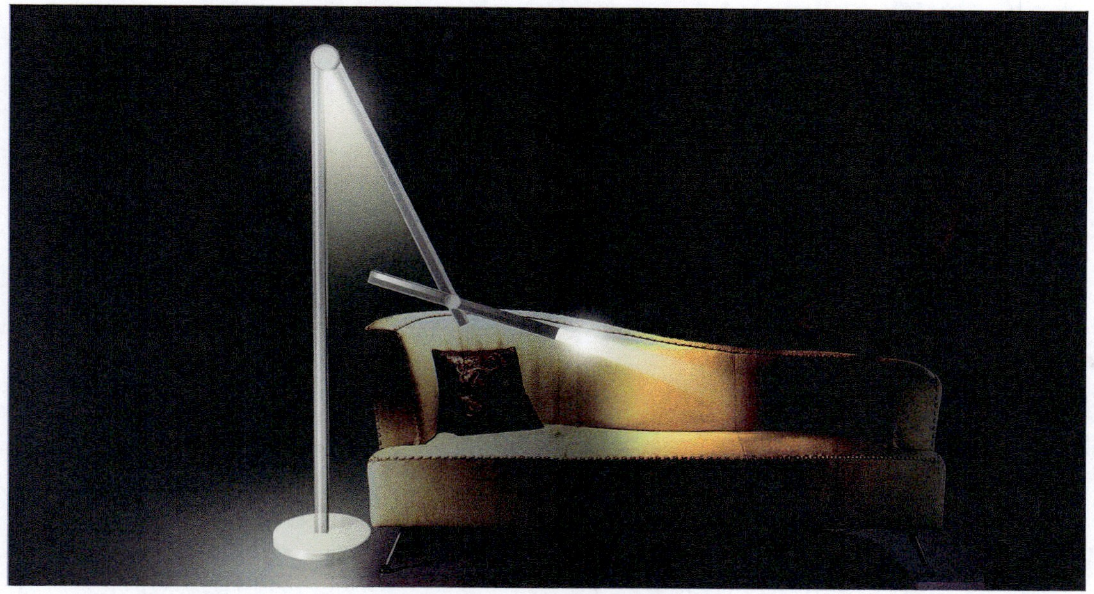

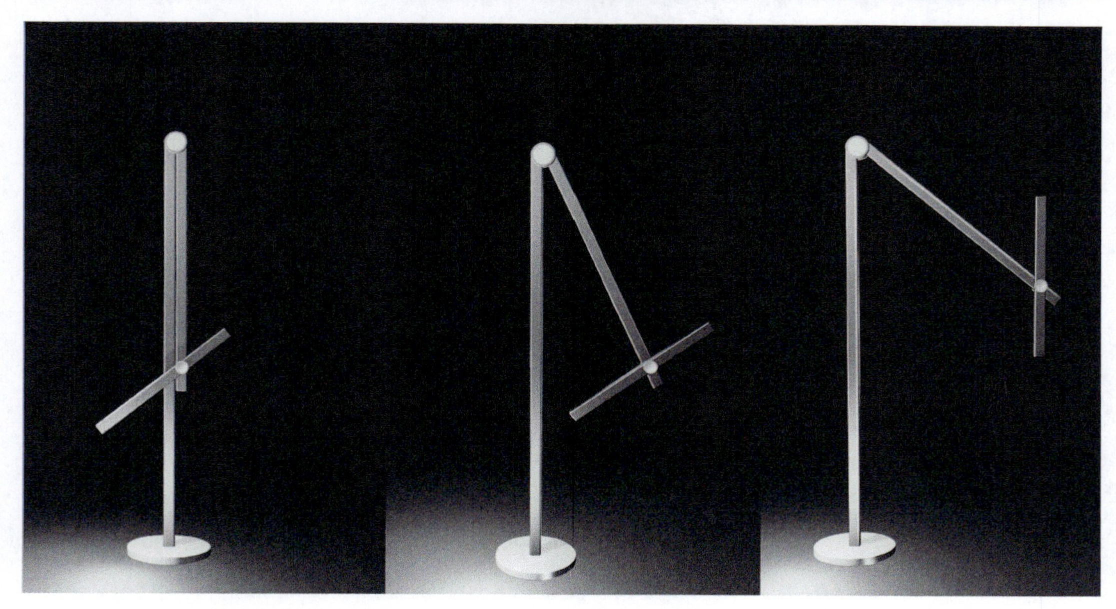

图 5-2-17　设计案例

waiter
产品细节图
采用LED灯，节能环保，不频闪，无辐射。
照明触摸按键
175cm
116cm
27cm
59cm
时尚糖果色可供选择

图 5-2-17　设计案例（续）

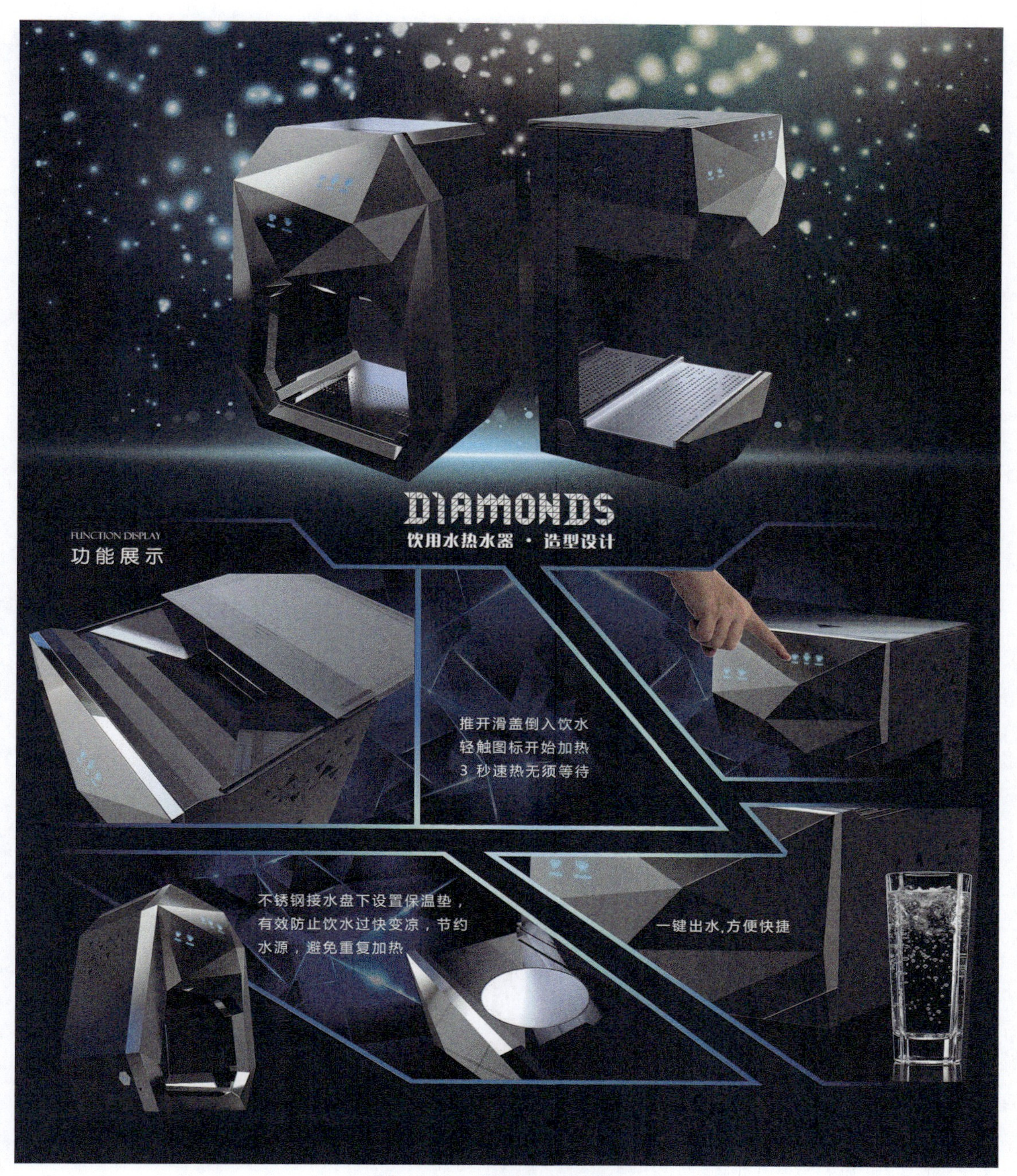
DIAMONDS
饮用水热水器 · 造型设计
FUNCTION DISPLAY
功能展示
推开滑盖倒入饮水
轻触图标开始加热
3 秒速热无须等待
不锈钢接水盘下设置保温垫，
有效防止饮水过快变凉，节约
水源，避免重复加热
一键出水,方便快捷

图 5-2-17 设计案例（续）

我爱我家

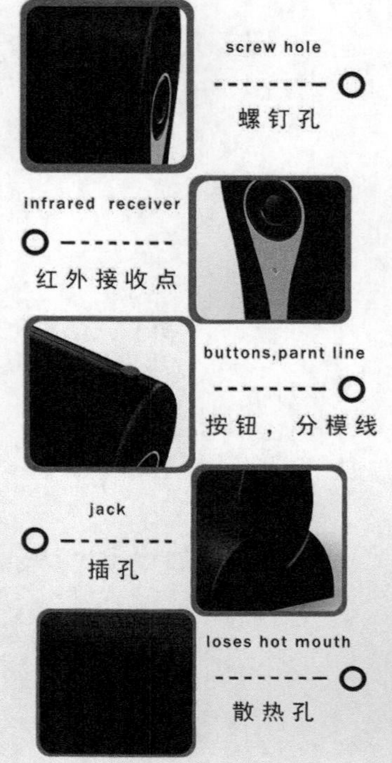

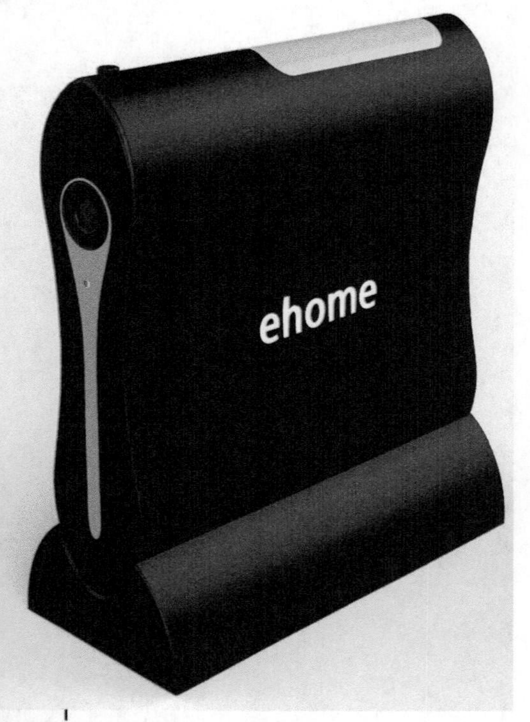

Breaking the previous home control box box model, extraction and graceful body curve, the succinct fashion style, refined multi-angle arc design, reveal the user's different taste.

打破以往家用控制盒方盒子造型，提取人体优美曲线，简洁时尚的外观造型，雅致的多角度弧线设计，彰显使用者的别样品位

图 5-2-17 设计案例（续）

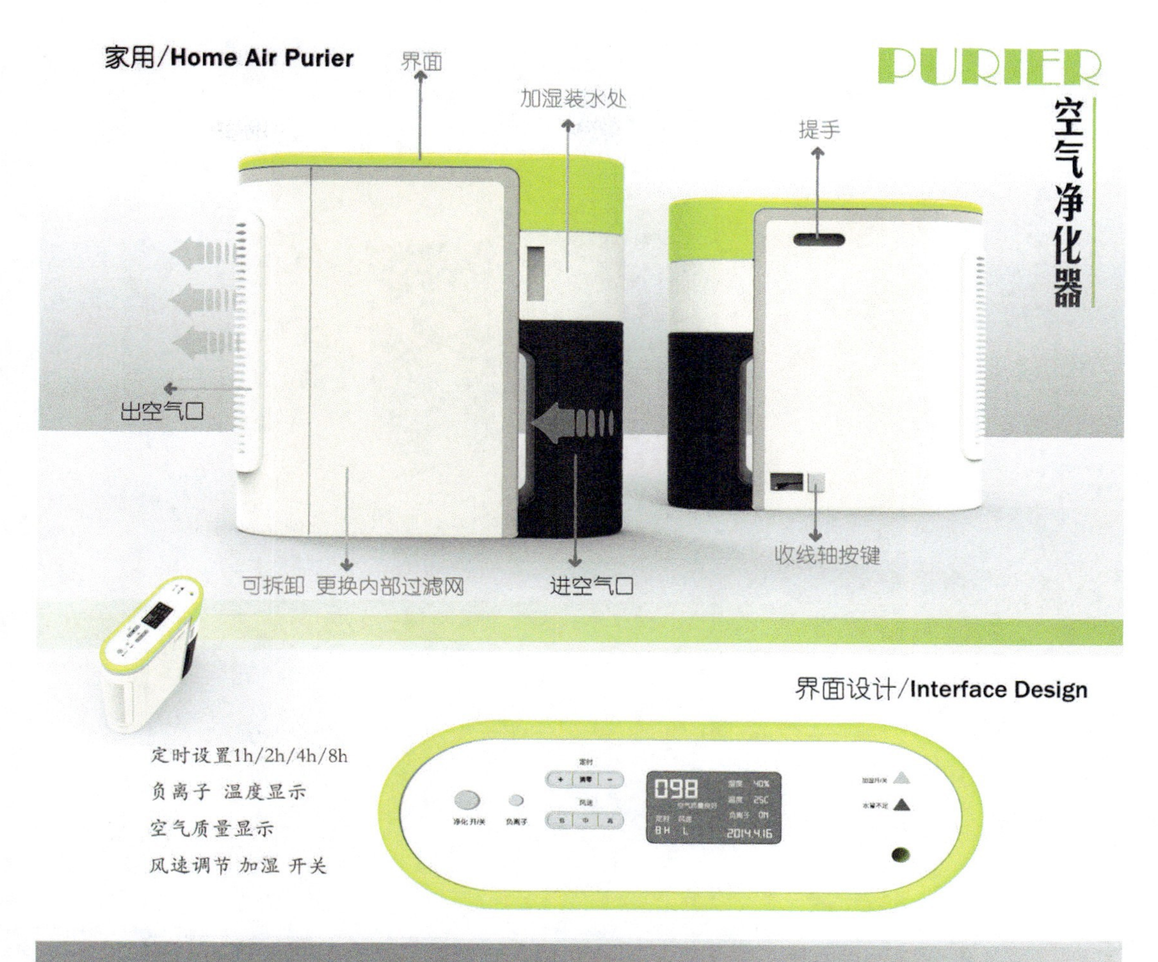
家用/Home Air Purier
界面
加湿装水处
提手
PURIER
空气净化器
出空气口
可拆卸 更换内部过滤网
进空气口
收线轴按键
界面设计/Interface Design
定时设置1h/2h/4h/8h
负离子 温度显示
空气质量显示
风速调节 加湿 开关
098
2014.4.16

细节/Details
空气出口
收线按键
加湿装水入口

图 5-2-17　设计案例（续）

机械控制面板

复合滤网

外壳ABS安全材质

强大吸力将空气吸入
↓
经导流面板将空气导入
↓
过滤系统
↓
释放清新空气

1 一级过滤网 生化棉
过滤大颗粒细菌污染物

2 二级过滤网 HEPA过滤层
高效空气过滤 可吸附烟雾

3 三级过滤网 活性炭网
吸附有害细菌 分解有害物质

4 四级过滤层 负离子发射模块
释放1000万高浓度负离子
清新空气

净化系统/**Purification system**

放置在车内放置杯子处

细节/Details

车载/Car Air Purifier

这款车载空气净化器下部为进空气口，上部为出空气口，机身内LED灯光显示颜色。

图 5-2-17 设计案例（续）

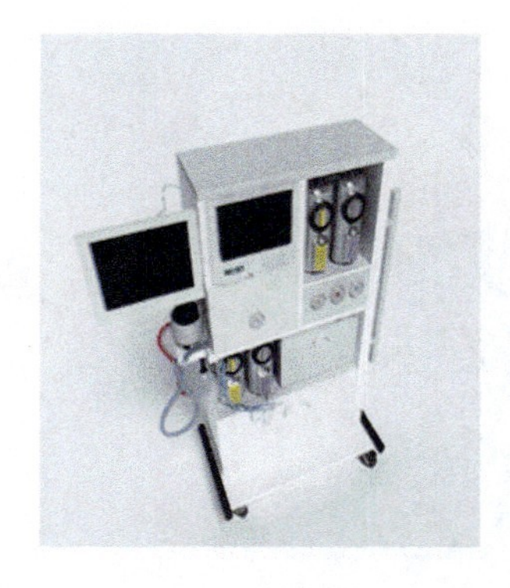

采用柱状的整体造型

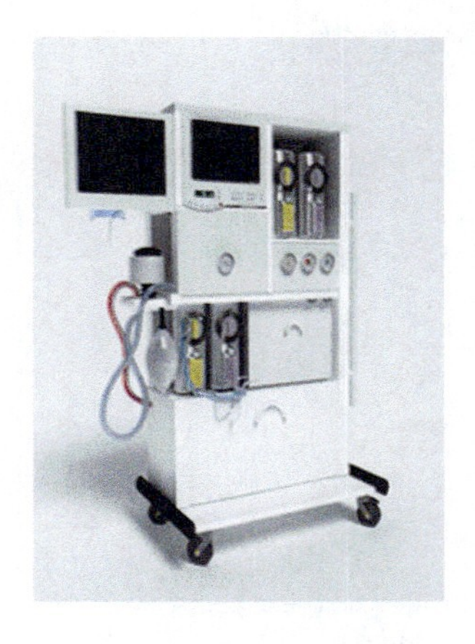

巧妙的收纳结构，使产品整体造型高度简练、统一、整体感强，在形式感上完全打破了原有产品的概念，收纳结构也非常方便搬运，而且可以减小麻醉机占用的体积。

医疗用品人性化设计

——麻醉机

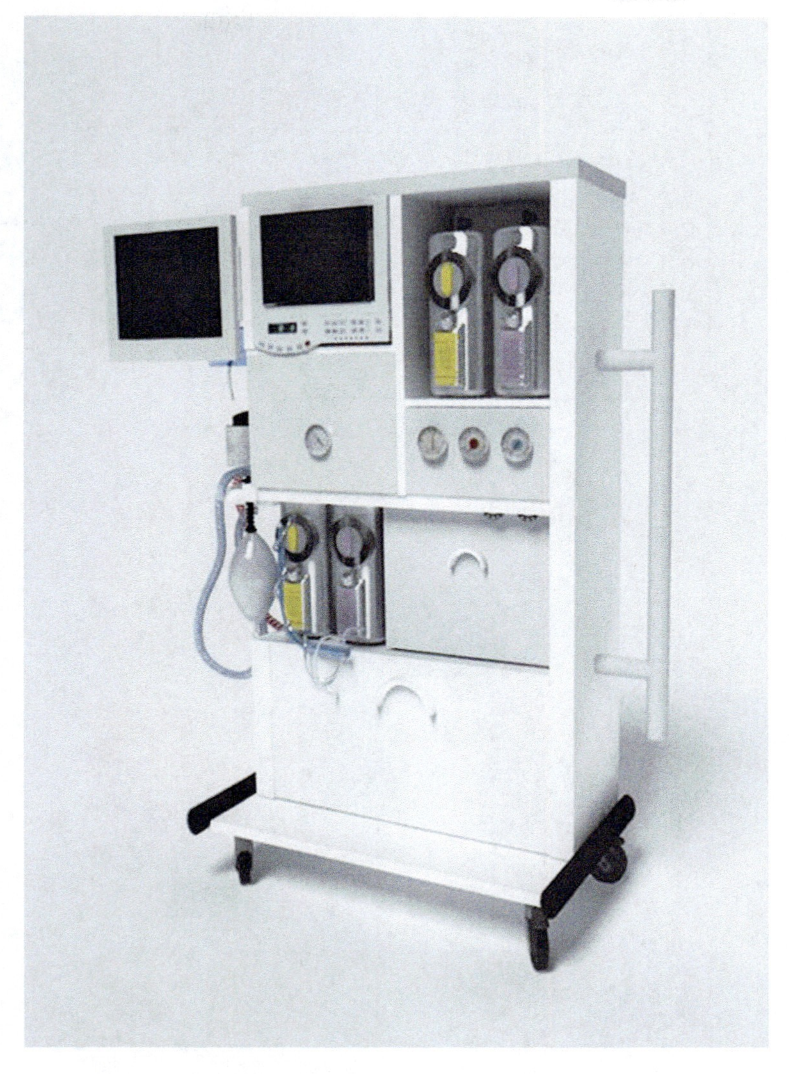

图 5-2-17　设计案例（续）

ReadingCoffee

——自助饮料机设计

“Reading coffee” 自助饮料机为小环境的人群而设计，产品秉承“简约、时尚、方便、体贴”的理念，进行人性化设计。饮料机提供咖啡、清茶、奶茶以及巧克力四种热饮，每种饮料均可对口味进行调整从而得到最适合您口味的饮品。产品造型加大触摸屏的面积，选用高清显示屏以及智能操控理念，所有操作皆于指尖轻松完成，只需选择您的饮料轻轻按一下按键，便可坐下来细细品味，享受生活。

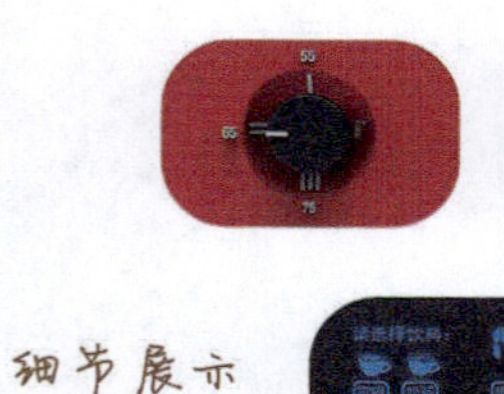

细节展示

操作演示

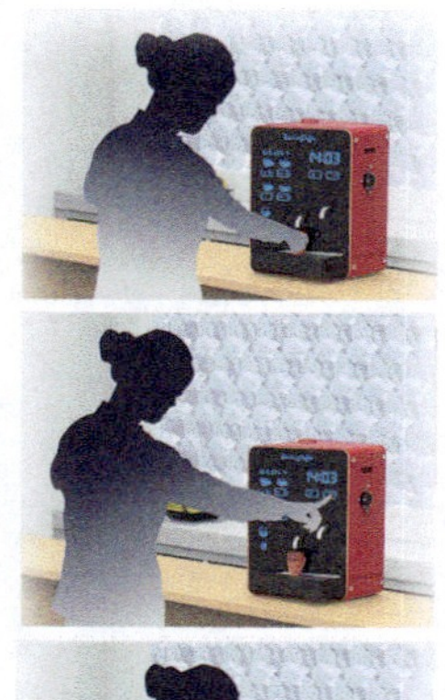

图 5-2-17　设计案例（续）

第三节　价值

产品设计的宗旨是为人们提供更加合理的使用方式，但是产品只有在人们购买使用后才能实现它的作用，人们愿意购买自己喜欢的产品是因为产品有一定的使用价值。人们在购买产品时必然会考虑到产品的功能、外观造型、价格等问题。产品的功能强大、性能优良、外观漂亮、操作方便、价格合理等条件无疑会提高产品的价值，产品价值的高低是影响消费者购买的重要因素。在市场上，性价比高的产品人们就愿意购买，反之，性价比低的产品人们就会倾向于放弃。从这个角度来说，价值分析提高了产品的价值，使人们愿意购买产品，从而使产品设计的目的得以实现。

时代在进步，社会在变化，产品设计与人之间的“语言”交互越来越密切，一方面达到价值正确传递，超越冷冰冰的机器与人之间隔阂达到交流的目的，带给使用者安全、舒适的使用环境，另一方面又通过产品本身的改变来“感动”着更多的人群。社会各阶层的人都在关注人性化的具体体现，越来越多的附加无形价值开始主导社会进步中的产品以及产品系统。

从一个设计“创意”开始，设计师会根据市场、研发、生产、销售等多个渠道的反馈意见来进行产品设计，然后通过研发和生产部门制作样品，由市场和销售进行测试（用户试用），并反复修改……远不是我们想象中在纸上描描画画那么简单。

优良的产品外观设计，从每一根线条开始，每一个细节都独具匠心，注重对比、比例、分割、密集、韵律等形式美的表现，注重每一个时尚元素、语言符号的表达，目的是实现产品的审美价值。

优良的产品形态设计，总是通过形、色、质3方面的相互交融而提升到意境层面，以体现并折射出隐藏在物质形态表象后面的产品精神。这种精神通过用户的联想与想象而得以传递，在人和产品的互动过程中满足用户潜意识的渴望，实现产品的情感价值。

产品设计应该与时俱进，且同本土文化一脉相承，使二者形成一种互动关系。设计师应尊重人的个性化需求，致力于消除与消费者之间的鸿沟。“一切为了消费者，让消费者满意，让消费者认可”是设计师必要的理念，并且设计师要根据这些设计理念来为消费者服务，以实现产品的人文价值。

产品设计通过对机构、方式的研究，使产品为人服务，满足人们的需求，解决人们生活中的困难，做到好用、方便、舒适，实现其功能价值。

一件产品的价值往往在它的设计生产阶段就已经确定了。产品的设计可以更好地满足使用者对产品功能的需求。价值分析作为一门学科主要是研究产品的价值，但是价值分析并不只是简单地用替换材料来降低产品的生产成本，而是在于更好地保证和提高产品功能，同时以最小的费用可靠地实现产品的功能，通过对产品的设计提高产品的功能，从而带动产品的价值。随着科技的进步，人们对产品功能的要求越来越高，先进的技术和精巧的设计可以在提高产品的功能的同时降低产品的成本。这就最大限度地提高了产品的性价比，使消费者更愿意接受。

产品价值促进产品改进，使企业更加重视产品设计。随着人们对市场认知能力的提高和自我意识的增强，“不太好看”“不太好用”的产品越来越不被接受，人们更看好形式与技术结合完美的产品。这里的“形式”指的是能够将情感（新奇感、独立感、安全感、感性、信心、力量感），人机工程（易用性、安全性、舒适性）、美学（视觉、听觉、嗅觉、味觉、触觉）结合起来的感觉因素。“技术”指的是采用先进的技术或加工质量很高的传统技术，为产品赋予足够的功能，使产品持续正常工作，并保持良好性能的技术能力。产品的价值分析对于产品的使用者和生产者来说都是很重要的，使用者是否愿意购买一个产品直接关系到产品生产者的生存，企业的成败就在于人们的购买与市场的需求。所以，企业在进行产品制造时就要考虑产品的价值分析。价值分析和产品设计都应将使用者排列在第一位，只有满足使用者的使用需求和价值取向，产品才会进入消费者手中，企业生产的产品才能满足用户的需求，才会赢得市场。价值分析是从技术和经济角度来研究价值，并通过研究产品功能与成本费用来探索提高产品价值，使顾客愿意购买的方式。价值分析的成果是通过产品设计来实现的，而产品设计的本身就可以提高产品的价值。

价值分析是企业进行市场竞争的重要工具，价值分析是产品开发中的重要方法，也是企业进行市场竞争的有力工具。产品价值的确立，是在设计阶段决定的，从这个角度来看，产品的价值分析对产品设计来说也是非常重要的。价值分析可以研究产品的功能，以更好地提高或保证功能的实现程度，而提高产品的使用功能正是使消费者购买产品的关键。价值分析还可以研究产品的成本费用，可以用更少的成本费用可靠地实现产品的功能或降低产品的成本，这也是消费者与企业的共同愿望。产品设计主要考虑产品的总体面貌、整体结构、使用方式，而价值分析方法则为产品设计师提供了一个既能把握全局又能研究产品功能和费用，从而提高产品总体价值的方法。所以，产品价值分析的方法是产品开发中的重要方法之一。

通过产品设计价值研究，我们不仅能让产品看起来更漂亮，更重要的是能让它用起来更方便，实现更多、更好的功能，甚至保障产品的质量和安全，可以说，设计对于产品品质的提升功不可没。

设计实践

思考并练习

1. 绘制 10 款家庭交通工具创意草图。

2. 设计为社区服务的医疗产品并绘制效果图。

3. 设计一款融合了科技与文化因素的家庭智能产品，撰写其研究报告并绘制效果图。

4. 创意设计一款生活用品，并按设计流程画出创意草图，绘制效果图、尺寸图纸、展板展示、设计说明及制作模型。